每时每课 给你新机会

互联网 UI 设计师

北京课工场教育科技有限公司　编著

U0387354

网站 UI 商业项目实战

——令人惊叫的网页是这样炼成的!

中国水利水电出版社
www.waterpub.com.cn

内 容 提 要

本书针对具有Photoshop基础的人群,以真实的Web端网站商业项目为实训任务,从业务需求分析、UI设计流程、效果图设计、设计图切片全面剖析、展现企业实际的UI设计开发流程、真实业务和设计技巧,训练UI设计师工作常见的两大工作任务的能力:设计互联网主流商业网站和设计网络营销及推广媒体页面。

相对市面上的同类教材,本套教材最大的特色是,提供各种配套的学习资源和支持服务,包括:视频教程、案例素材下载、学习交流社区、作业提交批改系统、QQ群讨论组等,请访问课工场UI/UE学院:kgc.cn/uiue。

图书在版编目(C I P)数据

网站UI商业项目实战 : 令人惊叫的网页是这样炼成的! / 北京课工场教育科技有限公司编著. -- 北京 : 中国水利水电出版社,2016.3(2020.10重印)
  (互联网UI设计师)
  ISBN 978-7-5170-4178-8

Ⅰ. ①网… Ⅱ. ①北… Ⅲ. ①网站-开发 Ⅳ. ①TP393.092

中国版本图书馆CIP数据核字(2016)第048299号

策划编辑:祝智敏   责任编辑:张玉玲   封面设计:梁 燕

书　　名	互联网UI设计师 **网站UI商业项目实战——令人惊叫的网页是这样炼成的!**
作　　者	北京课工场教育科技有限公司　编著
出版发行	中国水利水电出版社 (北京市海淀区玉渊潭南路1号D座 100038) 网　址:www.waterpub.com.cn E-mail:mchannel@263.net(万水) 　　　　　sales@waterpub.com.cn 电　话:(010)68367658(发行部)、82562819(万水)
经　　售	北京科水图书销售中心(零售) 电　话:(010)88383994、63202643、68545874 全国各地新华书店和相关出版物销售网点
排　　版	北京万水电子信息有限公司
印　　刷	雅迪云印(天津)科技有限公司
规　　格	184mm×260mm　16开本　12.75印张　270千字
版　　次	2016年3月第1版　2020年10月第5次印刷
印　　数	12001—15000 册
定　　价	48.00 元

OA信息管理系统

用户名	
密　码	
验证码	5678
登　录	

建议使用IE8.0版本 1024*768 分辨率浏览 版权所有 北大青鸟APTECH

北大青鸟OA办公系统登录页

你好：王春燕　2015年4月28日　星期二

修改密码　注销

🖥 我的桌面

⚙ 系统设置

☆ 个人信息

📖 公共信息

　■ 会议室预定

　　会议室查看

　　会议室预座情况查看

　　会议室使用记录查询

　　会议室用户管理规则

　■ 训练营管理

　■ 公司内部使用相关表格

　■ 羽毛球场预定

☰ 业务流程

未名湖会议室使用记录 ▼

2015-05-10

9:00-12:00 　移动时代，未来已来专题讲座
　　　　　　　产品一部 李月月

14:00-16:00 　新课体验
　　　　　　　项目一部 刘某

2015-05-09

9:00-12:00 　案例分享
　　　　　　　项目一部 马某阳

14:00-16:00 　新课体验
　　　　　　　项目一部 赵某

16:30-17:30 　课程发布
　　　　　　　项目一部 卞鑫

2015-05-08

帮助

会议室使用记录查询

会议时间		至：
会议室名称		
会议室用途		

查 询

北大青鸟OA办公系统主页

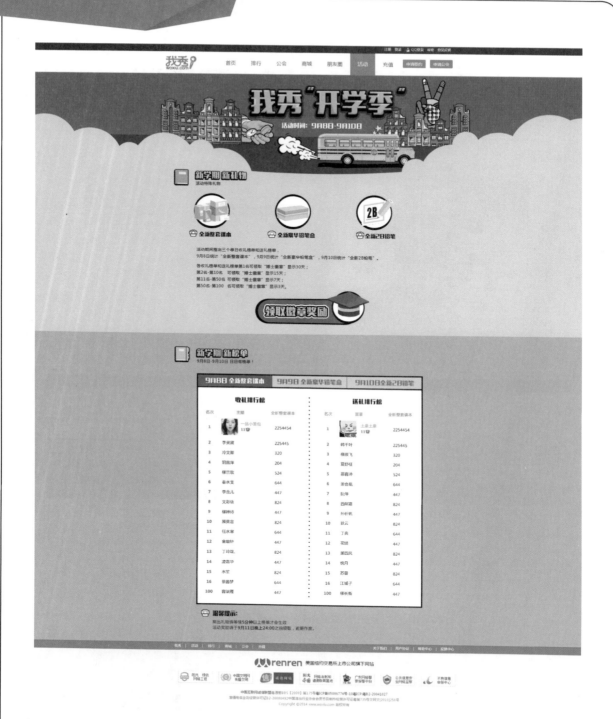

我秀网开学季专题活动页面

英雄联盟官网首页

天猫商城首页局部

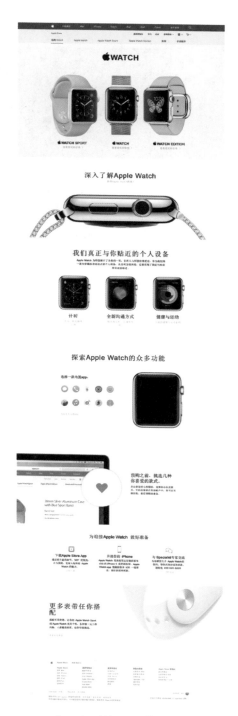

Apple Watch着陆页

三星电子旗舰店店铺首页　　　　　三星电子旗舰店宝贝详情页

联想官网首页

随着移动互联技术的飞速发展，"互联网+"时代已经悄然到来，这自然催生了各行业、企业对UI设计人才的大量需求。与传统美工、设计人员相比，新"互联网+"时代对UI设计师提出了更高的要求，传统美工、设计人员已无法胜任。在这样的大环境下，这套"互联网UI设计师"系列教材应运而生，它旨在帮助读者朋友快速成长为符合"互联网+"时代企业需求的优秀UI设计师。

这套教材是由课工场（kgc.cn）的UI/UE教研团队研发的。课工场是北大青鸟集团下属企业北京课工场教育科技有限公司推出的互联网教育平台，专注于互联网企业各岗位人才的培养。平台汇聚了数百位来自知名培训机构、高校的顶级名师和互联网企业的行业专家，面向大学生以及需要"充电"的在职人员，针对与互联网相关的产品、设计、开发、运维、推广和运营等岗位，提供在线的直播和录播课程，并通过遍及全国的几十家线下服务中心提供现场面授以及多种形式的教学服务，且同步研发出版最新的课程教材。

课工场为培养互联网UI设计人才设立了UI/UE设计学院及线下服务中心，提供各种学习资源和支持，包括：

- ➢ 现场面授课程
- ➢ 在线直播课程
- ➢ 录播视频课程
- ➢ 案例素材下载
- ➢ 学习交流社区
- ➢ 作业提交批改系统
- ➢ QQ讨论组（技术、就业、生活）

以上所有资源请访问课工场UI/UE学院：kgc.cn/uiue。

■ 本套教材特点

（1）课程高端、实用——拒绝培养传统美工。

➢ 培养符合"互联网+"时代需求的高端UI设计人才，包括移动UI设计师、网页UI设计师、平面UI设计师。

➢ 除UI设计师所必须具备的技能外，本课程还涵盖网络营销推广内容，包括：网络营销基本常识、符合SEO标准的网站设计、Landing Page设计优化、营销型企业网站设计等。

➢ 注重培养产品意识和用户体验意识，包括电商网站设计、店铺设计、用户体验、交互设计等。

➢ 学习W3C相关标准和设计规范，包括HTML5/CSS3、移动端Android/iOS相关设计规范等内容。

（2）真实商业项目驱动——行业知识、专业设计一个也不能少。

➢ 与知名4A公司合作，设计开发项目课程。

➢ 几十个实训项目，涵盖电商、金融、教育、旅游、游戏等行业。

➢ 不仅注重商业项目实训的流程和规范，还传递行业知识和业务需求。

（3）更时尚的二维码学习体验——传统纸质教材学习方式的革命。

➢ 每章提供二维码扫描，可以直接观看相关视频讲解和案例效果。

➢ 课工场UI/UE学院（kgc.cn）开辟教材配套版块，提供素材下载、学习社区等丰富的在线学习资源。

■ 读者对象

（1）初学者：本套教材将帮助你快速进入互联网UI设计行业，从零开始，逐步成长为专业UI设计师。

（2）设计师：本套教材将带你进行全面、系统的互联网UI设计学习，传递最全面、科学的设计理论，提供实用的设计技巧和项目经验，帮助你向互联网方向迅速转型，拓宽设计业务范围。

课工场出品（kgc.cn）

课程设计说明

本课程目标

    学员学完本课程后，能够掌握不同领域的网页界面设计规范和网页UI设计手法，能够按照企业需求熟练应用Photoshop软件设计制作出精美的网页视觉效果图。

训练技能

> 了解网站的制作流程、布局方法以及不同方法的差异，学会使用Photoshop软件对网页UI效果图进行切片。
> 了解各行业网站的特点及设计原理。
> 分析并运用Photoshop软件设计制作出各类优秀的网页UI效果图。

本课程设计思路

    本课程共8章，分为网页制作流程与设计常识和网页界面项目案例分析两部分，课程内容具体安排如下：

> 第1章：网页制作流程与设计常识部分，了解网站制作流程和布局方法，使用Photoshop软件对网页UI效果图进行切片。
> 第2章至第8章：网页界面项目案例分析部分，通过对各类网站的特点进行分析了解各类网站的设计原则，运用Photoshop软件设计制作出优秀的网页界面效果图，包括营销型企业网站、电商网站、基于电商平台的店铺装修设计、Landing Page页面设计、游戏类网站改版设计、网站专题页面设计、企业OA办公系统页面设计。

教材章节导读

> 本章目标：本章学习的目标，可以作为检验学习效果的标准。
> 本章简介：学习本章内容的原因和对本章内容的简介。
> 相关理论知识：针对本章项目涉及的相关行业技能的理论分析和讲解。
> 本章总结：针对本章内容或相关绘画技巧的概括和总结。

教学资源

- ➤ 学习交流社区
- ➤ 案例素材下载
- ➤ 作业讨论区
- ➤ 相关视频教程
- ➤ 学习讨论群（搜索QQ群：课工场-UI/UE设计群）

详见课工场UI/UE学院：kgc.cn/uiue（教材版块）。

关于引用作品的版权声明

目录

第 1 章 ①

网站UI项目管理规范

第 2 章 35

联想官网——营销型企业网站视觉设计

53

第 3 章　天猫商城——电商网站视觉设计

第 4 章 **77**

三星天猫旗舰店——电商网站店铺视觉营销设计

第 5 章 **101**

Apple Watch百度推广页——Landing Page设计与优化

第 8 章　**169**

北大青鸟信息管理系统——企业OA系统界面设计

第1章

网站UI项目管理规范

- **本章目标**

  完成本章内容以后，您将：
  - ▶ 了解网站的分类和网页的元素。
  - ▶ 掌握网站设计、制作的基本流程。
  - ▶ 掌握网站设计、制作的原则及规范。
  - ▶ 掌握网页效果图切片、输出的方法和技巧。

- **本章素材下载**

  - ▶ 请访问课工场UI/UE学院：kgc.cn/uiue（教材版块）下载本章需要的案例素材。

本章简介

随着互联网的高速发展，人们对网页 UI 表现的要求逐渐提高，对美的追求不断深入，由此对网页 UI 设计师的要求也一再提高。作为一名优秀的网页 UI 设计师，绝不是单纯地把各要素放到页面上。

一个好的网页作品怎样才能将简单的信息传达给用户，同时带给用户美好的视觉享受、舒适的阅读体验呢？答案是必须有一个合理的制作流程，并按照流程做出规范的页面布局、合适的视觉表达、合理的页面层级结构，符合用户习惯的交互体验。

参考视频
网页 UI 项目管理规范

1.1　互联网网站的分类

互联网上的网站多种多样，可以大致分为以下类别：

（1）门户网站，如图 1.1 所示。门户网站通常把各种资讯汇集到一个平台上并用统一的界面提供给用户浏览，涵盖的资讯大致包括新闻、财经、体育、论坛、免费邮箱、博客、影音资讯、网络社区、网络游戏等。

图 1.1　新浪网（门户网站）

（2）在线视频网站，如图 1.2 所示。在线视频网站是指提供用户在线发布、观看和分享视频的平台。

图 1.2　迅雷看看（在线视频网站）

（3）网址导航网站，即行业信息类网站，如图 1.3 所示。网址导航网站是指集合较多网址并按照一定条件进行分类的网站。通过网址导航网站用户可以方便快速地找到自己需要的网站。

图 1.3　毒霸网址大全（网址导航网站）

（4）电子商务网站，如图 1.4 所示。电子商务网站是指让用户通过互联网实现买卖交易的网络平台。传统电商分为三类，即 B2C（如国美在线）、B2B（如阿里巴巴）、C2C（如淘宝）。另外，团购网站属于新兴的电子商务网站，如美团网、百度糯米网。

图 1.4　天猫商城（电子商务网站）

注意

B2B（Business to Business，商对商）是指企业对企业之间的营销关系。
B2C（Business to Customer，商对客）是指商业零售，即直接面向消费者销售产品和服务。
C2C（Customer to Customer，个人对个人）是指个人与个人之间的电子商务。
关于 B2B、B2C、C2C 的更多内容介绍可以通过搜索引擎网站搜索了解。

（5）搜索引擎网站，如图 1.5 所示。搜索引擎网站是指运用特定的计算机程序搜集互联网上的信息，并对信息进行组织处理，然后再根据用户搜索需求为用户提供检索服务的网站。

图 1.5　百度（搜索引擎网站）

（6）社区交友网站，如图 1.6 所示。社区交友网站是指帮助用户建立社会关系的互联网应用平台。

图 1.6　人人网（社区交友网站）

（7）博客，如图 1.7 所示。博客又译为网络日志、部落格等，是由个人管理，通过文字、图像等方式不定期发布个人信息的平台，可分为专业博客（主要提供博客服务的网站，如博客网、博客大巴）、门户网站博客（基于门户网站提供用户使用的博客频道，如新浪、网易的博客频道）。

 关于专业博客、门户网站博客的更多网站可以通过搜索引擎网站搜索体验。

图 1.7　搜狐博客（博客）

（8）微博客，如图 1.8 所示。微博客即微型博客，博主只能撰写 140 字以内的心情文字来快速发布，支持单张图片、视频地址、音乐功能。严格来说，微博客算是博客的延伸产品或是升级版本的博客，其轻型、便捷、快速复制等特点更适合现代人快速的生活节奏，被用户普遍接受。

图 1.8　新浪微博（微博客）

（9）网络游戏网站，如图 1.9 所示。网络游戏网站即 Online Game，是指通过互联网实现个人或多人同时在线参与的游戏。通常用户可以通过登录游戏网站下载游戏客户端、进行在线游戏及了解游戏相关资讯。

图 1.9　暴风王座（网络游戏网站）

（10）在线论坛，如图 1.10 所示。在线论坛是以基础交流为方式，综合提供个人空间、相册、站内消息、问答等一系列服务的虚拟网络社交平台。

图 1.10　天涯社区（在线论坛）

（11）电子邮箱，如图 1.11 所示。电子邮箱是指通过互联网为用户提供邮件交流的服务平台。

图 1.11　网易邮箱（电子邮箱）

（12）垂直网站，如图 1.12 所示。垂直网站是一种功能型网站，通常是指集中在某些特定领域或需求，提供有关这个领域或需求的深度信息和服务的平台。常见的垂直网站类型有新闻资讯、IT 数码、休闲娱乐、金融服务、生活服务、汽车、教育、房地产、旅游、招聘等。

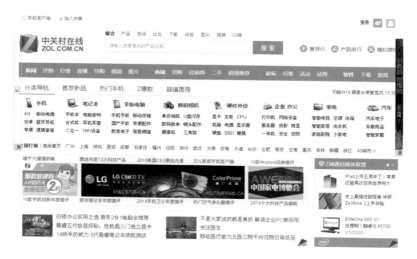

图 1.12　中关村在线（垂直网站）

1.2　构成网页的元素

在互联网上浏览时，经常能够看到各式各样的网页，但无论什么样的网页都是由一些通用的元素构成。构成网页的元素主要分为文字、图像、多媒体和交互元素。下面来了解这些元素都有哪些应用，以及在制作中需要注意的问题。

1.2.1　文字

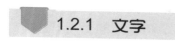

文字是网页最主要的元素，是网页表述内容的最基本形式，是网页必不可少的组成部分。

在网页中按照文字的属性可分为两种形式。一种是网页编辑器默认的网页字，可以通过 CSS 样式表来修饰。网页字在网页中主要应用于新闻小标题、栏目小标题、文章段落、列表文字中最小的文字，如图 1.13 所示。常用的字体有宋体和微软雅黑，宋体更干净、更严谨，而微软雅黑更温润、更亲民（由于近年扁平化的盛行，各大网站也纷纷使用微软雅黑字体）。

图 1.13　网页字的应用

（1）CSS 样式表是一种用于表示 HTML（标准通用标记语言的一个应用）或 XML（标准通用标记语言的一个子集）等文件样式的计算机语言。

（2）在 Photoshop 中设计师对网页字设置如下：

➤ 设置字体为宋体，消除锯齿方式为"无"，标题一般选择"加粗"，大小、颜色自定。

➤ 设置字体为微软雅黑，消除锯齿方式为"锐利""犀利"或"平滑"。

另一种是在图像处理软件中对文字进行修饰，将这些文字以图像的形式应用到网页中，即图像字，如图 1.14 所示。图像字在网页中主要应用于网页的 Logo、栏目的标题、交互功能按钮、广告文字、导航等，如图 1.15 所示。

图 1.14　透明立体字

Logo 文字　　　　　　广告文字

标题文字　　　　　　按钮文字

图 1.15　图像字在网页中的应用

与图像字相比，网页字不占用空间，可提高网页的反应速度，自动更新，便于修改，有利于搜索引擎的搜索，所以目前越来越多的以信息为主导的网站使用网页字来替代图像字。

1.2.2　图像

图像是网页的重要组成部分，与文字相比，图像更能形象地表达内容。如果新闻报道只有文字没有图像会显得非常枯燥，缺乏生动性和形象性。如图 1.16 所示，图像占页面很大比例，如果把这些图像全部换成文字，会感觉非常乏味。

图 1.16　斑马网首页

图像在网页中的应用非常广泛，如图 **1.17** 所示，仅淘宝网用户登录框就包含多种网页图像。根据图像的使用可以分为 **Logo** 图像、新闻图像、图标、按钮、透明图像、背景图像、**GIF** 动画等。

图 1.17　淘宝页面登录效果

网页响应速度是衡量一个网站是否成功的标准之一，也是影响网站访问用户体验的重要因素，所以为网页减负是很必要的，而对图像的合理使用是网页减负的措施之一，下面介绍具体方法。

1. 避免使用过大的图像

图像过大影响下载速度，既影响页面美观，也会使用户因等待而对网站失去兴趣。有时为达到更大的视觉刺激，会使用通屏的大图，这就要求在输出设计页面时将图片切割成几个部分，以减小图像大小，切割的时候要考虑限制的高度，因为页面在默认加载图像时是由上到下显示的。

2. 使用缩略图

在首页特别是介绍产品的页面需要使用图像缩略图，尽量不要将图像以原始大小呈现，可以在 Photoshop 软件中生成图像缩略图，如图 1.18 所示。

图 1.18　缩略图

3. 使用背景图像

使用背景图像可以避免在下载网页时多次读取图像，减轻页面下载负担，如图 1.19 所示为淘宝网使用的背景图像。在显示页面时，由 CSS 样式控制背景图像的位置即可多次重复使用，只需加载一次，这样大大提高了网页加载的速度，并方便对页面效果进行修改。

图 1.19　淘宝网使用的背景图像

 经验总结

> ➢ 可以使用可重复的无缝图案进行背景填充以增加页面质感，既兼顾视觉表达，又最大程度地减小网页的体积。
> ➢ 对使用的图片进行压缩，最常见的做法是在 Photoshop 中将图片存储为网页模式（调整分辨率为 72dpi），调整品质数值到合适位置。

1.2.3　多媒体

如今的网页不但有文字和图像，还有动画、声音、视频等，因为有了这些元素，网页的形式也变得丰富多彩。传统的文字和图像已经不是唯一元素，网页内容的走势也呈多元化发展，如视频类网站土豆网，如图 1.20 所示。

图 1.20　视频类网站（土豆网）

 1.2.4　交互元素

　　随着互联网的发展，互动性越来越被网站的开发者所重视，网页的交互性成为衡量一个网站是否优秀、是否个性化的标准。那么到底什么是交互？交互元素又包括哪些内容呢？

　　交互元素主要包括菜单按钮、链接、表单、数据交互、动画交互和功能定制等。如图 1.21 所示 Tom 网站的页面颜色定制、邮箱登录和内容定制，这些交互功能体现了以用户为中心的服务理念。

图 1.21　Tom 网站的交互区

1.3　网页 UI 设计的基本步骤

网站开发的基本步骤如图 **1.22** 所示。

➢ 前期准备：包括了了解客户的需求、明确网站的设计风格、确定网站内容等，一般由团队中的产品经理或网络营销人员负责。

➢ 中期设计和制作：主要包括网站原型制作、网站视觉设计及开发等，其中网站原型图由 UE（User Experience，用户体验）设计师或产品经理完成，网站视觉设计或效果图设计由 UI 设计师完成，前端网页和后台代码由开发人员完成。前端网页也称为 Web 前端开发，一般由 Web 前端开发人员完成，部分企业也直接由 UI 设计师完成。

➢ 后期的测试、发布及运维：网站开发完毕后，还需要进行测试才可以发布上线，网站上线后需要根据用户反馈进行运营和维护。其中，网站测试包括检查页面效果是否美观、链接是否完好、不同浏览器的兼容性，一般由网站测试人员完成。

这里我们重点介绍与 UI 设计师相关的效果图设计环节的步骤。

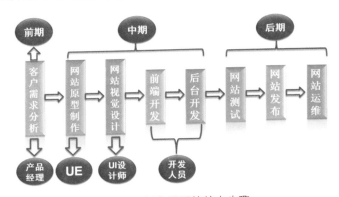

图 1.22　制作网页的基本步骤

 1.3.1　设计页面的前期准备

效果图设计是在前期工作充分准备好的情况下开始的，通过前期的规划和资料的准备，需要把握下面列出的几个方面，之后进入具体的制作阶段。

1. 了解用户的需求

网站开发或改版的需求，通常是公司客户方或者己方负责网站开发的产品经理或市场部人员通过正式文档或者开会、邮件、口头传达的沟通方式提出。了解和分析客户需求可以更高效地完成网站效果图设计的任务，这时需要重点了解的内容如下：

➢ 网站开发或改版的目的。

➢ 网站功能。

> ➢ 网站的结构和内容。
> ➢ 界面风格和其他特定要求。
> ➢ 完成时间。

 客户的需求分析一般由网站开发团队中的产品经理或市场部人员负责完成。

2. 了解企业的 VIS(企业形象识别系统)和业务特点

网页是企业 VI 的一部分,可参照其确定 Logo、标准色等,也可以根据项目的特点和方案来制定配色方案和设计风格。如图 1.23 所示是千橡互动旗下的几个不同业务类型的网站,没有使用统一的 VI。如图 1.24 所示是万科集团各个地区的网站首页,使用了统一的 VI 和统一的 Logo。

图 1.23　千橡互动旗下几个网站的对比

图 1.24　万科集团不同地区网站的对比

3. 确定首页栏目

前期已经完成了内容的准备，包括首页的栏目。设计师需要了解这些内容，把握"形式服务内容"的原则，完成页面栏目的优化，即形成了首页结构。

4. 确定功能架构

只有在了解功能的基础上才能更合理地进行内容布局，网站的功能来源于设计师与产品经理或负责网络营销人员的沟通，他们负责网站的需求及策划任务。

5. 素材准备齐全

在结构和配色确定后需要准备一些素材，这些素材包括文字内容、新闻图像、设计所需的图形和图标、同行业相似项目的成功案例等。素材准备得充分，可以大大提高后续环节的工作效率。

1.3.2　使用参考线绘制大致结构

基于设计四大原则中的对齐原则将网页各模块之间进行对齐。

在网页 UI 设计过程中使用参考线布局是必不可少的步骤，这决定了页面的最终布局效果，根据分析好的布局结构将其复原到 Photoshop 软件中。为了准确地划分制作结构，需要使用参考线作辅助，在具体的制作过程中要以参考线为基准。第一次使用参考线需要设置标尺的单位为 px。如图 1.25 所示是使用参考线为网站布局的效果。

一些页面会有轮廓线或背景色贯穿于几个版块或者是整个页面的情况，这样可以将这些结构线在参考线的辅助下绘制出来，便于在制作过程中准确定位。如图 1.26 所示为网站首页的布局结构线。

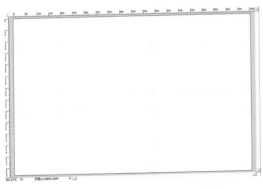
图 1.25　参考线划分首页布局结构

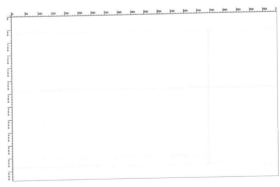
图 1.26　万通地产首页布局结构线

对于一些复杂的页面，因制作过程中使用了许多图层，导致秩序混乱且不便于日后维护，可以在制作前根据页面的结构设置出主要的图层结构，如图 1.27 所示。

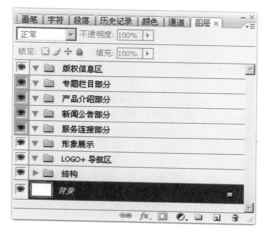

图 1.27　万通地产首页的图层结构

 ### 1.3.3　绘制内容

这一步是效果图设计的主要内容，在绘制内容的过程中注意把握以下几点：

（1）严格根据参考线或结构线给元素定位。

（2）严格按照上一步设置的图层结构将对应部分的图层及图层组放置到对应的结构组中，这样便于把握页面结构，方便后期调整。

（3）页面由很多功能部分组成，对于比较复杂的内容可以将其图层转换成智能对象图层进行管理。

（4）制作的顺序一般是从整体到部分，由上到下，从头部的 Logo、导航、内容到底部的版权。

（5）制作每一部分时注意实时调整位置，以保证视觉的美观、整齐。

▶▶ 经验总结

智能对象图层是 Photoshop CS3 以上版本的新增功能，智能对象图层的优势有以下几个：
- ➤ 在对其进行破坏性编辑时，原图层不会发生变化。
- ➤ "跟着走"，即一个智能图层上发生变化，对应的"智能图层副本"也会发生相应的变化。
- ➤ 减少了整个文件图层的数量，管理和查找图层更加轻松。

 ### 1.3.4　输出切片

输出切片是网页 UI 设计的重要部分，切片输出是否合理直接影响网页的效果、反应速度等。在制作切片时需要根据情况选择输出方式。输出方式有两种：一种是为了浏览网页完成效果而做的输出，另一种是为网页提供优化素材而做的输出。

1.4　网页设计原则及规范

"没有规矩不成方圆"，网页设计也是一样，明确在网页设计中所要遵循的准则和方法、网页 UI 中各个元素的规格要求，可以确保网页在风格、结构和功能上的统一，提升企业网站的外在品质。

1.4.1　布局实用原则

1. 网页尺寸的标准

网页的页面精度为 72dpi，页面单位为 dpi，页面颜色为 RGB。网页的宽度设置分为两种：一种是固定单位宽度，另一种是自动适应宽度。

对于固定的宽度，在适合 800*600 分辨率的网页中，宽度不超过 780px；在适合 1024*768 分辨率的网页中，网页最大宽度是 1004px。由此可见，分辨率越高页面尺寸越大。在页面设计时，一定要考虑页面未来要面对不同的浏览器分辨率，如果忽略了这一点，会导致背景出现空白部分，给人一种缺陷的感觉，如图 1.28 所示。

 页面可视宽度＝屏幕分辨率－滚动条宽度（20）－边框宽度（2）。

图 1.28　1280*1024 分辨率下的页面

对于这种情况可以采用自适应宽度，制作网页时采用百分比作为宽度单位，在制作效果图时有以下 3 种方法可以实现：

（1）将背景图像制作成 **1px** 宽的图像水平铺开。

（2）制作成 **1px** 高的图像，宽度要大一些，可以适合较大的分辨率，如图 **1.29** 所示。

图 1.29　1280*1024 分辨率下的页面

　　（3）在设计图像时避免使用整屏宽的图像，保证当网页变宽时图像自然分布，如图 **1.30** 和图 **1.31** 所示。

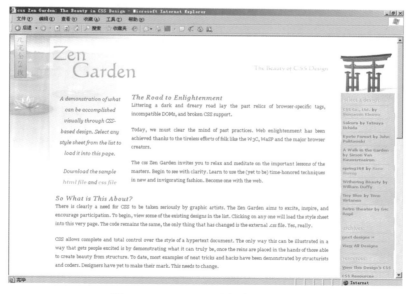

图 1.30　1024*768 分辨率下的页面

图 1.31   1280*1024 分辨率下的页面

经验总结

➤ 使用整屏图像时，需要将图片居中显示，两边用纯色过渡。

➤ 网页的高度一般是根据具体内容而定的，首屏高度一般控制在 750 ~ 1000px，纵向滚动根据项目需求定义，建议不超过 3 屏。

2. 布局原则

（1）功能第一、形式第二。

这里的功能是指内容。在制作网站前一定要了解用户浏览该网站的目的。例如，上"百度"是为了搜索信息，上"淘宝"是为了购物，试想如果"百度"失去了搜索功能，"淘宝"失去了购物车和订单功能，那么这些网站对于用户还有什么意义呢！可见功能是第一位的，而布局则属于形式，形式是沟通用户与网站的桥梁，通过形式的优化让用户更易于了解并使用网站。

合理的布局设计首先考虑网站中都有哪些功能，这些功能哪些最重要，哪些次之，将这些功能合理地表述出来。新浪首屏作为信息量超大的门户网站，导航栏目非常多，布局时将这部分规划成多个关联区域并设为通栏，如图 **1.32** 所示。

新闻	军事	社会	体育	NBA	中超	博客	专栏	天气	读书	历史	图片
财经	股票	基金	娱乐	明星	星座	视频	综艺	育儿	教育	健康	中医
科技	手机	探索	汽车	报价	买车	房产	二手房	家居	时尚	女性	收藏

图 1.32   新浪导航布局

（2）服务用户。

无论是门户网站、企业网站还是盈利性、非盈利性网站，直接目的都是服务用户。如果没有用户的访问和支持,那么这样的网站就失去了意义,可以说用户是网站实现一切目标的核心,有了用户才有一切。通过在布局上合理优化可以让用户很清楚地快速浏览页面,找到需要的信息。在新浪网中将邮箱登录部分放到顶部是考虑用户可以方便地登录到自己的邮箱,将搜索功能放到新闻部分的上面是让用户通过搜索直接找到自己需要的信息。这些布局都是根据用户的浏览习惯而设置的,做到布局的人性化设计,如图 1.33 所示。

图 1.33 新浪导航与新闻内容

(3)层次清晰、主次分明。

布局可以分为两种形式:一种是整体的布局,只绘制出页面的大结构;另一种是局部的布局,包括文字、图像之间的排列形式,即排版。整体布局要让用户知道哪些版块重要,引导用户关注,而布局的排版是在具体的版块中实现内容表述的清晰和美观。

(4)突出特点。

用户决定网站的成败,拥有的用户越多,网站就越成功,如何在数不清的网站中脱颖而出、给用户留下深刻印象、让用户过目不忘呢?最好的办法是,个人网站要突出个性风格,企业网站要体现行业特点和企业理念。例如,"新浪"是综合门户网站,特点是信息量大,所以页面的纵向滚动较长,"百度"的功能是搜索,布局要简洁、清晰,方便搜索。

3. 布局要求

(1)文字。

网页中常见的文字形式有页面常规文字、标题文字、大篇幅文章、常用英文文字和其他广告文字,具体要求如下:

➢ 常规文字。字体:宋体或微软雅黑;字号:**12px 或 14px**;效果:none(无效果);字间距:默认;行间距:**18 ~ 24px(150%)**;颜色:采用 216 色的安全色及 RGB 值均取 00、33、66、99、CC、FF,如 FFFFFF、FF0000、336699 等,如有特殊需要可以使用其他颜色。

注意

➢ 腾讯最先将常规文字扩大到 14 号，以便更适于阅读。

➢ 如果文字颜色为黑色系，有时考虑到视觉疲劳及颜色统一经常会选择 Web 安全色 #cccc、#999999、#666666、#333333、#000000，其中 #000000 颜色最深；如果文字为全黑色，长时间阅读会导致视觉疲劳，通常会选择 #333333 为文字的颜色。

➢ 标题文字。在常规文字上可以放大和加粗。常用字体大小采用偶数字号，分别为 12px、14px、18px、24px、30px、36px。

➢ 大篇幅文章。字号：14px；行间距：140%（16 ～ 18px）。

➢ 常用英文文字。字体：Arial、Times New Roman，字号：11px；效果：none。

➢ 其他广告文字。根据设计效果可以任意采用其他字体格式，除特殊设计需求外避免文字效果为无，以避免出现锯齿。

▶ 经验总结

文字使用时使用可以商用的中英文字体，如宋体、微软雅黑、Arial 等。有些字体仅供个人使用，若为商业使用需要告知字体商并支付一定费用，以免造成不必要的麻烦。

（2）图片。

➢ 制作图片边框使用 Layer Style/stroke/inside/ 模式。

➢ 使用圆角矩形时，要注意边框内外边距和内容的距离，正确的圆角处理方法如图 1.34 所示。

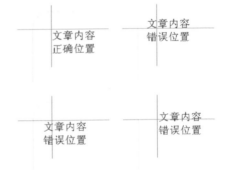

图 1.34　正确的圆角处理方法

1.4.2　网页配色实用原则

页面的内容、布局及图像的使用都体现出该站点要表达的思想，而使用色彩也可以达到和用户交流的目的。优秀的设计师了解如何恰当地使用色彩来表达设计意图，并加深用户的印象。对于用户来说，色彩传递的信息与图像或文本一样可以令人信服，某些时候甚至要比后两者更强烈。配色是根据内容来确定页面的色彩搭配方案，下面给出几个可供参考的网页配色原则。

1. 基于企业 VI 或服务特色

需要考虑企业 VI 的标准色或是根据业务特点来定制网页配色。如图 1.35 所示为苹果官网首页，以白色为主色，配合灰色导航条，彰显科技感，页面简洁，且符合企业产品定位。如图 1.36 所示，嘉陵工业的引导页采用了企业标准色及金属银灰色，烘托出工业制造的视觉氛围。

图 1.35　苹果官网首页

图 1.36　嘉陵工业的引导页

2. 色彩层次要清晰

　　色彩在视觉引导上起到很大的作用,利用色彩的面积大小、纯度、明度、冷暖、轻重都可以拉开页面的视觉层次。如图 **1.37** 所示为天猫官网首页部分的视觉层次,总体来讲分为两个层次,即搜索和导航,搜索使用红色,导航使用深灰色,这样拉开了视觉层次。同时,大幅的 banner 用色鲜艳,使得整体层次更加丰富,提升了整个页面的视觉冲击力。

图 1.37　利用颜色变化使层次清晰

3. 色彩服务于功能和内容

色彩是服务于功能和内容的表现形式，运用色彩可对个别部分作强调，也可划分视觉区域。如图 1.38 所示，在京东商城、天猫商城、苏宁易购等网站的首页中，为了强调搜索部分，该部分都用了重于周围色彩的颜色，提醒用户选择搜索类型后要确认搜索，提升了用户的体验感及界面的友好度。

图 1.38　利用色彩强调内容

4. 基于用户

用户是网站的最终使用者，对于网站而言，是否能够留住用户、能够使用户对产品产生好感是非常重要的。如图 1.39 所示为麦当劳官方首页，恰当地使用橙色调来刺激用户的食欲。反之，将一个古典音乐的网站制作成一个红色色调的网站，即使音乐很好听，访问者浏览起来也不会很舒服。

图 1.39 利用色彩增强用户好感

无论是设计哪类网站,都应先确定传达的主旨并充分了解用户的喜好。这些工作都将在配色时作为重要的参考,辅助表达作品的设计意图。

 ### 1.4.3 设计的四大基本原则

设计的四大基本原则是对比、重复、对齐、亲密性,看似简单却是其他设计理论的基础。如在制作网页的文章排版时,遵从这四大基本原则就完全可以做出一个比较出色的页面效果,使文字清晰易读。

(1)对比:对比的基本思想就是要避免页面上的元素太过相似,如字体、颜色、大小、线宽、形状、空间等,使用对比的页面能够更引人注目。

(2)重复:设计中的视觉元素,如颜色、形状、空间关系、字体、大小等在整个作品中重复出现,即为重复。页面设计中使用重复原则可增加作品的条理性和统一性。

(3)对齐:页面上的每一个元素都应与另一个元素有某种视觉联系即对齐。页面上的任何东西都不能随意安放。对齐可以让设计作品更清晰、更清爽、更整洁,提高可读性。其根本就是使页面统一、有条理。

(4)亲密性:彼此相关的项应当在物理位置上靠近,归为一组,形成一个视觉单元,而不是孤立的元素,这就是亲密性。亲密性有助于组织信息,为读者提供清晰的结构。

1.5 网页切片输出

在制作网站的时候如何把做好的效果图转成网页格式呢? 这就需要对当前的效果图进行切片处理,常见的切片工具有 Fireworks 和 Photoshop 两个软件,如图 1.40 所示为使用 Fireworks 软件进行的网页切片,如图 1.41 所示为使用 Photoshop 软件进行的网页切片。

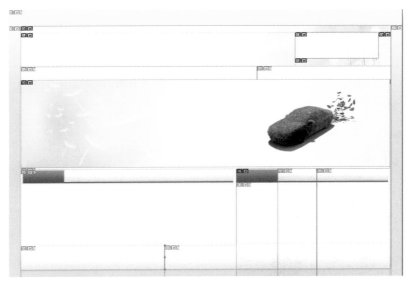

图 1.40　使用 Fireworks 软件进行的网页切片

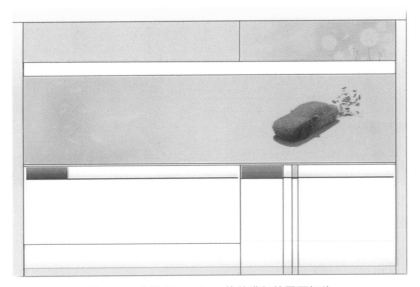

图 1.41　使用 Photoshop 软件进行的网页切片

 1.5.1　切片概述

切片就是将制作好的网页效果图切成几部分再重新组合在一起，目的是提高页面的加载速度、节约系统资源，同时实现程序代码所无法达到的页面美化效果。通常简单的效果图可以使用规则切片，如图 1.42 所示；复杂的效果图就需要手动进行切片，如图 1.43 所示为使用 Photoshop 软件进行手动切片。

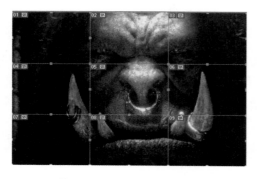

图 1.42 使用 Photoshop 软件进行的规则切片 　　图 1.43 使用 Photoshop 软件进行的手动切片

 切片工作一般由 UI 设计师完成，然后将切片后的图片交给 Web 前端开发人员完成网页的开发制作，但也有部分企业直接由 Web 前端开发人员切片并完成网页的前端开发和制作。

1. 网页切片思路

➢ 分析布局：分析网页的页面布局，分解出基本的结构，获得网页所需要的主要图片。

➢ 切出所需要的图片。

2. 网页切片的步骤

➢ 切出所需图片。

➢ 导出切片。

1.5.2 规则切片

（1）在 Photoshop 中画出辅助线，选择"视图"→"对齐到"→"参考线"选项，或者开启网格。

（2）打开要分割的图片，选择工具栏中的"切片工具"选项，如图 1.44 所示。右击，在弹出的快捷菜单中选择"划分切片"选项，如图 1.45 所示。

图 1.44　"切片工具"选项　　　　　　　图 1.45　　"划分切片"选项

（3）在"划分切片"对话框中，将"水平划分"设为 1，将"垂直划分"设为 3，单击"确定"按钮，会出现 3 个等分的图片，如图 1.46 所示。

图 1.46　三等分切片效果

注意　　当网页上的图片呈均匀分布时，可以使用规则切片。

1.5.3　手动切片

1. 切割 Logo 和导航区的图像

切割 Logo 作为网页图像，如图 1.47 所示。

图 1.47　切割 Logo 图像

2. 切割形象展示区

将左侧图像和中间动画部分各切割成一块，并将右侧图像背景切割成 **1px** 宽的图像，在网页编辑器中作为背景水平铺开，如图 1.48 所示。

3. 切割形象展示区——搜索部分图标

切割透明图像图标，搜索文字、按钮这些元素在输出时需要单独作为透明图像输出，如图 1.49 所示。

4. 切割内容区——链接按钮

隐藏文字，切割第一行的按钮，如图 1.50 所示。

图 1.48　切割 1px 背景　　　　图 1.49　切割图标和按钮　　　　图 1.50　切割按钮

　注意　　在对按钮进行切片时需要提供按钮的滑过状态、按下状态的切片效果，有时还需要提供按钮的禁用状态或其他状态的切片效果。

5. 切割内容区——文字标题

将三个标题文字以背景为范围分别切割，如图 1.51 所示。

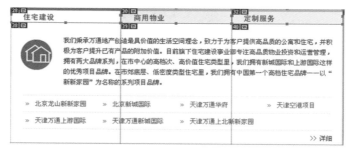

图 1.51　切割标题部分

6. 切割内容区——图像

沿着图像边缘切割，局部放大如图 1.52 所示。

7. 切割内容区——箭头图标

切割项目名称前面的橙色箭头图标，完成效果如图 1.53 所示。

图 1.52　切割新闻图像　　　　　图 1.53　切割产品介绍部分的图标

8. 切割内容区（新闻部分）

切割"新闻动态"的标题和图像，如图 1.54 所示。

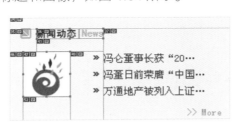

图 1.54　切割"新闻动态"的标题和图像

9. 切割内容区（公告部分）

切割公告栏的标题及箭头图标，如图 1.55 所示。

图 1.55　切割公告部分的标题和图标

10. 切割专题链接图标

切割图标，如图 1.56 所示。

图 1.56　切割图标

页面切割完成效果如图 1.57 所示。

图 1.57　页面切割完成效果

 1.5.4　输出、保存文件设置

1. 输出文件设置

选择"切片选择工具"选项，按住 Shift 键选中需要切割的非透明图像，再选择"文件"→"存储为 Web 和设备所用格式"选项，在弹出的对话框中设置"优化的文件格式"中的压缩品质为"非常高"，品质为 80，图像设置为 JPEG 格式，勾选"连续"复选框，单击"存储"按钮，如图 1.58 所示。

2. 保存文件设置

保存文件时设置文件名为 pic.jpg，保存格式为"仅限图像"，切片为"选中的切片"，如图 1.59 所示。

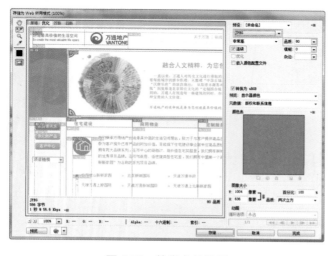

图 1.58　输出文件设置

图 1.59　保存文件设置

3. 输出透明文件设置

隐藏需要切割的透明图像的背景,选择"文件"→"存储为 Web 和设备所用格式"选项,在弹出的对话框中设置图像为 PNG-8 格式,单击"存储"按钮,如图 1.60 所示。

4. 对"选中的切片"进行单独保存的设置

保存文件时,设置文件名为 pic_tm.gif,保存格式为"仅限图像",切片为"选中的切片",如图 1.61 所示。

如果只需要对某几个切片进行导出,则要按住 Shift 键,然后单击选中想要的切片,导出即可。

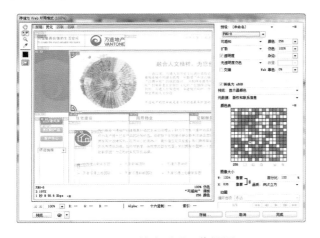 

图 1.60　输出透明图像设置　　　　图 1.61　保存透明图像设置

1.5.5　编辑切片

1. 移动切片

如果想移动某个切片,可以选择"切片选择工具"选项,如图 1.62 所示,选择某个切片并用鼠标进行拖动;如果想精确地细微移动,则可以使用"编辑切片选项"实现,如图 1.63 所示。

图 1.62　"切片选择工具"选项　　　图 1.63　"编辑切片选项"选项

2. 组合切片

如果在规则切片过程中某个切片不是需要的，可以使用"切片选择工具"选中需要合并的切片，然后右击，在弹出的快捷菜单中选择"组合切片"选项，如图 **1.64** 所示。

图 1.64 "组合切片"选项

 ## 1.5.6 常用切片技巧

（1）细小的图标、按钮：可以局部放大图片，进行切割。

（2）可以利用辅助线和网格提高切片的准确度。

（3）切片的时候隐藏文字内容。

（4）切片命名语义化：详见表 **1-1**。

表 1-1 切片命名规则

中文名	建议命名	中文名	建议命名
导航	Nav	栏目	column
页头	banner/header	侧栏	sidebar
版权栏	copyright/footer	搜索栏	search/searchbar
内容	content/text	背景	background/bg
滑动图	slide	新闻	news

（5）简单的画面边框无须切出，由 **CSS** 实现。

（6）纯色区域不用切，可直接用 **CSS** 实现。

（7）渐变色区域沿着与渐变色相同的方向切 **1px** 的条纹。

（8）对于有圆角的图片，可以将两边的圆角部分单独切出，中间如果有渐变色，也是只切 1px 的条纹。

（9）在切割效果图的过程中，对图片的保存格式也有讲究，一般来说，用图像工具（如 Photoshop）制作的色彩绚丽的带有透明背景的按钮或图标一般存成 png 格式；而用相机拍摄的风景或人物、物体图像多用 jpg 格式保存；gif 一般用于存储含有简单动画效果的图像。

（10）Logo 完整切，banner 切 1 ～ 3 刀。

本 章 总 结

　　建设一个完整的网站需要把许多细节结合在一起，之后有序地完成各个步骤。本章围绕网站设计，主要讲解了网站的类型、构成网页的基本元素、网页设计的基本步骤、网页设计制作的原则及规范、如何将网页效果图进行切片几部分内容，使初学者对网站的整体设计方法有所了解，掌握网站设计的思路和规范，从而轻松地设计出符合客户需求的网站。

学习笔记

联想官网——营销型企业网站视觉设计

● **本章目标**

完成本章内容以后，您将：

▶ 了解营销型企业网站的概念。

▶ 了解营销型企业网站和普通企业网站的区别。

▶ 掌握营销型企业网站的设计流程及技巧。

● **本章素材下载**

▶ 请访问课工场UI/UE学院：kgc.cn/uiue
（教材版块）下载本章需要的案例素材。

▥ 本章简介

　　在互联网高速发展的今天，网站作为信息的载体，以图文的形式表现着它的主题。对于营销型企业而言，首要考虑的就是自己的网站如何能够高效地实现营销目标。一个好的营销型网站能够顺利促使客户留下销售线索或者直接下订单，联想官网不乏为营销型企业网站的佼佼者。下面通过对联想官网首页的设计制作来掌握营销型企业网站的设计方法和技巧，完成效果如图 2.1 所示。

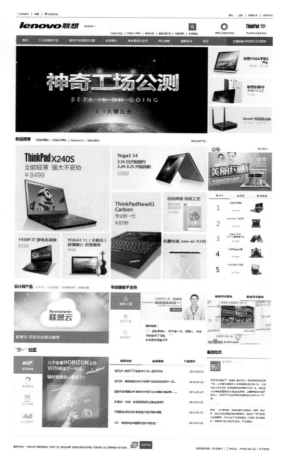

图 2.1　联想官网首页

参考视频
营销型企业网站设计（1）

2.1 联想官网——营销型企业网站设计需求概述

　　一个网站项目的确立是建立在各种各样需求上的，这种需求往往来自于客户的实际需求或是公司自身发展的需要。此部分内容通常由项目需求方（需要制作网站的企业，通常称为甲方）提出。

2.1.1 项目名称

项目名称为联想官方网站设计制作。

 ### 2.1.2 项目定位

随着互联网的高速发展和贸易的网络化，借助网络平台促成销售已成为一种新颖有效的企业营销模式。联想集团作为中国 IT 行业的佼佼者，在互联网营销全球化的大浪潮推动下，面临行业的激烈竞争，希望能够通过营销型企业网站的建立来提升全球市场份额。

 ### 2.1.3 联想集团企业背景

联想集团成立于 1984 年，由中国科学院计算所科技人员创办，是一家在信息产业内多元化发展的大型企业集团。从 1996 年开始，联想电脑销量一直位居中国国内市场首位；2004 年，联想集团收购 IBM PC（Personal Computer，个人电脑）事业部；经过 30 余年的发展，今天的联想集团已经发展成为全球最大的 PC 生产厂商、中国 IT 企业的领先者。其主要业务是从事台式电脑、笔记本电脑、移动手机设备、服务器和外设的生产与销售等。2008 年北京奥运会期间，联想集团作为顶级赞助商为大会提供了 900 台服务器、700 台笔记本电脑、12000 台主机、10000 台显示器、2000 台触摸屏、3343 台打印机、2546 台多功能一体机、580 位技术服务人员，成为中国 IT 企业的领跑品牌。

 注意　　　更多关于联想集团的介绍可以通过百度搜索"联想集团"进行了解，如百度百科词条。

 ### 2.1.4 网站功能要求

作为营销型企业网站，希望能够成为广大消费者的营销平台，同时通过对网站内容的及时更新和丰富吸引浏览者的注意，提高点击率、浏览量、转化率，从而实现企业的营销目的。为企业营销融入互联网营销的新鲜血液，有效地推动企业提升全球市场份额，需要实现如下功能：

（1）企业最新产品及最新优惠活动的发布功能。
（2）在线获取专业的技术服务和支持功能。
（3）产品的在线下单及支付功能。
（4）产品搜索功能。
（5）销售、服务网点查询功能。
（6）企业实时动态（新闻、官方微博动态）展示功能。

2.1.5　网站风格要求

（1）网站整体设计需要简洁、大气。
（2）整体风格需要与公司的形象一致，符合产品特色和产品文化。
（3）内容需要注意层次感和产品融合度，体现国际化。
（4）首页和二级页面要保持一致性和连贯性。

2.2　营销型企业网站相关理论讲解

参考视频
营销型企业网站设计（2）

　　一个经得起企业和用户"考验"的界面设计是离不开强大的理论支撑的。随着互联网的高速发展，优秀的互联网页面设计师不但需要了解页面视觉设计层面的知识，还要兼备互联网意识。

2.2.1　营销型企业网站概述

　　营销型企业网站就是指具备营销推广功能的企业网站，是企业根据自身的产品或者服务，以实现某种特定营销目标而专门量身定制的网站。营销型企业网站将营销的思想、方法和技巧融入网站策划、设计与制作中，使其具有良好的用户体验和搜索引擎体验。

2.2.2　营销型企业网站和普通企业网站的区别

　　营销型企业网站和普通企业网站同属企业网站，都以图文的形式表现主题，但因企业所要达到的目的不同，二者的表现形式也截然不同。

　　1. 面向对象不同

　　普通企业网站主要是以企业为自身中心面向搜索引擎，目的是提高搜索引擎的录入速度和排名。而营销型企业网站以用户和搜索引擎为中心，既面向搜索引擎又面向用户，目的是方便用户通过搜索引擎查询到该企业网站，并且能够通过对该企业网站的浏览吸引客户留下来咨询或者直接购买站内的商品和服务。

　　2. 网站内容不同

　　普通企业网站重视企业自我展示，图片多、信息量大，主要包括企业概况、企业咨询、产品咨询、企业团队、经营理念、联系方式等内容，如图 2.2 所示。

　　营销型企业网站围绕企业的核心业务展开，页面简洁、明朗，以介绍企业的产品为重点，同时兼顾网站营销能力，如图 2.3 所示。

图 2.2　普通企业网站

图 2.3　营销型企业网站

3. 网站功能不同

普通企业网站重在对企业形象自身的推广，并没有与客户和消费者达成互动，用户体验相对较差；对企业的基本销售或服务的营销模式集中于线下，网站本身没有客服和在线支付等功能。营销型企业网站非常注重用户体验，除注重企业形象外，还注重导航是否清晰、结构是否合理，并且配有在线客服、在线支付、热线电话、使用帮助等基本功能。

 2.2.3　需要营销型网站的企业

所有需要通过网络渠道进行营销的企业都需要建立一个营销型网站，但最迫切需要营销型网站的企业有以下几种类型：

➢ 已经建站，但客户找不到自己的网站的企业。

➢ 做了网络推广，但网站留不住人，网站用户体验不好的企业。

➢ 网站访问量很大，但不能为企业产生订单的企业。

➢ 费用紧张，希望以更小的投入获取更大回报的企业。

2.3　联想官网——营销型企业网站设计需求分析

只有明确了自己服务的对象是谁才能有的放矢地建设网站，在栏目划分、内容选择、页面设计各方面尽量做到合理，并吸引更多人的眼球。对于设计企业门户网站而言，设计师主要的用户群有需求方和访问者两类，通过对这两类目标人群的兴趣收集并加以分类整理就可以大致确定网站建设的主要方向。

 2.3.1　竞争对手分析

对联想集团而言，此次建站的主要目的是通过互联网营销来提升自身在国际市场的份额。从这个切入点出发，找到联想集团在 PC 行业的主要竞争对手是惠普（官网首页如图 2.4 所示）、戴尔（官网首页如图 2.5 所示），在移动设备行业的主要竞争对手为苹果（官网首页如图 2.6 所示）、三星（官网首页如图 2.7 所示）。从这些企业的官网首页分析得出作为以互联网营销为目的的企业网站主要应包含以下内容：

➢ 产品展示。

➢ 活动推广。

➢ 新闻动态。

➢ 专业服务与支持。

➢ 订购热线/在线订单提交入口。

➢ 搜索功能。

图 2.4　惠普中国在线商店

图 2.5　戴尔官方直销网站

设计风格和特点：

➤ 网站首页整体风格符合其产品定位，科技感、时代感强。

➤ 网站首页布局简洁、清晰，突出企业推广的产品。

➤ 网站首页具有直观、良好的用户体验。

官网首页的优势：

➤ 用接近一屏空间的轮播图展示当前热推的产品和活动，以醒目吸引用户眼球，容易使其产生购买欲望。

➤ 网站导航、结构清晰，使用户能够第一时间找到所需要的内容。

图 2.6　苹果官网首页

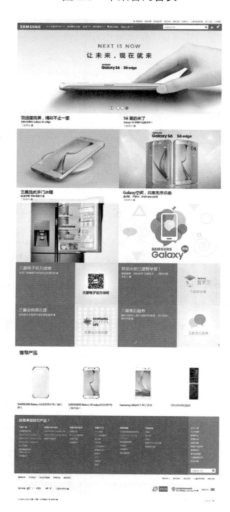

图 2.7　三星官网首页

2.3.2　目标用户分析

从历年购买联想品牌电脑和移动设备的用户分析得出，购买联想产品的用户主要分为个人用户和企业用户，下面是他们各自的特点。

个人用户：

➤ 年轻、有朝气、有活力、有个性。

➤ 喜欢创新，且敢于尝试新鲜事物。

➤ 喜欢个性化的产品，注重产品的视觉效果。

企业用户：

➤ 重视品牌带给企业的影响力。

➤ 更关注产品的性能。

➤ 效率、结果至上。

2.4　联想官网——营销型企业网站设计规划

一个网站界面设计的成功与否和设计制作前的界面整体设计规划有着极为重要的关系，只有详细地设计规划才能避免在设计制作中出现很多问题，使网站界面设计能顺利进行。

 ## 2.4.1　界面整体风格定位

（1）界面直观、清晰、跳转合理，页面布局层次感强，能够让用户快速方便地找到相应的功能。

（2）界面整体风格与产品特色、产品文化搭配，具有国际、时尚等气息，要有强烈的视觉冲击力。

（3）界面设计需要采用行业标准和惯例，尽量采用常见的用户体验，如果采用新的用户体验，需要给出明确的新手指引。

（4）界面内容需要注意层次感和产品融合度，体现国际化。

（5）界面的一致性很关键，其结构必须清晰且所用的术语要保持一致，风格必须与内容相一致；保持一致并非完全相同，有时会根据着重点的不同而有所区别。

（6）界面需要遵循对比、重复、对齐、亲密性四大设计基本原则。

界面的一致性主要包括以下两个：

➤ 界面一、二级标题/默认段落/特殊文字（如帮助、备注、重点信息）/文字链等的字体、字号、色调要保持一致。

➤ 界面上的按钮、图片显示、表格、标签栏的风格要保持一致。

经验总结

> ➤ 对比（Contrast）：避免页面上的元素过于相似。对比能够让信息更准确地传达，内容更容易被找到、被记住。
>
> ➤ 重复（Repetition）：重复的目的就是"一致性"，让设计中的视觉要素在整个作品中重复出现，可以重复颜色、形状、材质、空间关系、线宽等。页面中使用重复既能增加条理性，又能增加统一性。
>
> ➤ 对齐（Alignment）：任何东西都不能在页面上随意安放。每个元素都应当与页面上的另一个元素有某种视觉联系，这样能够建立一种清晰、精巧而清爽的外观，提升可读性。
>
> ➤ 亲密性（Proximity）：彼此相关的项应当靠近、归组在一起，这有助于组织信息、减少混乱，为读者提供清晰的结构。

（7）界面用户体验方面需要注意减少页面的跳转，兼顾用户的视觉效果和页面开启的速度，突出品牌定位和企业的营销目的。

2.4.2 首页界面布局分析

营销型企业网站的主要作用是展示整体风貌，显示区别于竞争对手的优势和特色，并将所提供的特色产品和服务展示给用户，以实现用户的购买行为。因此，联想官网首页不但要承载企业的基本信息展示，还要提高用户对其产品的认知及认可；区别于普通展示类企业网站首页，联想官网首页要关注的互联网营销效果即吸引客户留下来购买产品，弱化企业自身展示的内容；突出产品介绍，精简信息、布局；既要让用户能访问到各种产品和信息等内容，又不能将所有内容都罗列出来。联想官网首页在布局上采用了以下布局方案（如图2.8所示）：

图 2.8 首页布局方案

（1）在页面的整体设计上采用上左中右的分布格局，把 Logo 放在左上角，让用户在第一时间识别被译为"创新的联想"的 lenovo 黑色 Logo；同时在第一屏最直观的位置放置搜索栏。

（2）在用户视觉注意力最集中的左上位置放置大幅的 banner，以便吸引用户对广告信息的关注，从而获得网络营销的效果。

（3）主要内容部分采用左中右结构，位于 banner 下方，采用大幅图片——列举最新/推荐明星产品，使用户浏览网站更加流畅，符合营销型企业网站的视觉习惯和审美需求；内容区添加畅销产品排行榜，更利于企业产品的营销。

2.4.3 界面色彩定位

知道了什么样的人会访问网站，以及要做什么样的内容，就可以准确地定位要什么样

 44

的风格。让人看一眼就留下深刻印象的站点，无论是对吸引注意力还是增加回头客都是大有益处的。通常情况下，企业网站的主题色调需要根据企业的 VIS（企业形象识别系统）进行色彩运用。

分析联想集团的企业 VIS，其中 Logo 标准色为蓝色、黑色、白色，主要推荐背景色为白色。黑色、白色、灰色这三种颜色的搭配能很好地彰显科技感、时代感，因此在进行页面设计时主要采用纯净的白色、简约的灰色、配以黑色的企业 Logo；导航条采用鲜艳的红色配白色文字，醒目突出企业网站所包含的内容，彰显企业活力，符合企业目标群体的性格特点。网站首页颜色分析图如图 2.9 所示。

 经验总结

> 红色可以对人形成强烈的刺激，而且比其他颜色更能吸引人的注意。目前大型电商及销售型网站通常采用红色为网站的关键色，如天猫商城、当当网、QQ 商城、1 号店等。

图 2.9　网站首页颜色分析图

2.5　联想官网——营销型企业网站视觉设计思路

联想官网首页完成效果如图 2.10 所示。

2.5.1　技术要点

（1）根据企业的需求设计网站首页。
（2）合理运用设计四原则。
（3）布局合理，风格连贯统一。

2.5.2　大体框架、色调

1. 确定网站结构和功能模块

根据"项目设计规划"决定采用上左中右结构式网页设计网站首页，根据"项目需求分析"决定网站首页上要添加的基本内容如下：

➢ 企业 Logo。
➢ 导航。

图 2.10　营销型企业网站

- 搜索。
- 快速链接。
- 新品推荐。
- 社区。
- 服务与支持。
- 联想云产品。
- 销售、服务网点查询。
- 新闻动态、官微动态。
- 订购热线。
- 注册、登录等。

网站结构和功能模块设计效果如图 2.11 所示。

信息栏		信息栏
Logo	搜索栏	品牌链接
	导航	

主Banner / 副Banner

主 banner / 社 区 / 副 banner / 产品展示

联想云产品 / 服务与支持 / 网点查询

社区 / 新闻动态 / 官微动态

版权声明

图 2.11　网站结构和功能模块设计

 注意　首页主体内容的布局宽度设为 1440px,页面高度视页面实际内容布局而定。需要注意主要信息和关键信息在第一屏显示,首屏高度通常控制在 750 ～ 1000px。

2. 确定网站色调

确定首页框架后,根据"界面色彩定位"来设计首页的主色调,如图 2.12 所示。

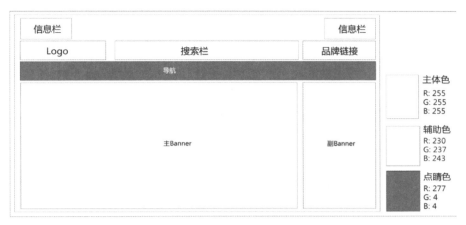

图 2.12　网站色调

2.5.3　素材准备

部分素材图片展示如图 2.13 所示。

图 2.13　部分素材

▶▶ 经验总结

　　素材除了由企业（甲方）提供外，也需要设计师进行搜集整理。对同类产品进行调查与研究并对相关的网站页面截图是搜集素材的办法。

2.5.4　顶部设计

　　顶部版块内容有设为首页、收藏、新浪微博粉丝（时下第三方推广平台关注）、登录、注册、销售网点、服务网点、公司 Logo、英文版本入口、搜索栏、推荐关键词、推荐产品官网链接等内容。

第一屏很珍贵，所以最需要强调的信息都应该在这里找到。

2.5.5 设计导航

在导航功能方面，根据营销型企业网站的需求确定导航的栏目内容有首页、个人及家用产品、商用产品及解决方案、应用商店、专业服务与支持、网上商城、最新活动、社区、订购热线。各个栏目的小分类按照内容需求来定。形式上采用视差轮动效果而不是传统点击效果，以减少第一屏的显示内容，更加便于访客对产品的了解。

导航的颜色定位为红色配白色文字，文字的字体采用最常用的微软雅黑，最终完成效果如图 2.14 所示。

图 2.14　导航

"微软雅黑"字体为无衬线字体；常用字号 12px、14px 的显示清晰优美，中英文的搭配非常和谐，同时"微软雅黑"字体属于独立设计的黑体，字体清晰，显示效果好。

2.5.6 设计主要banner

banner 对于营销型企业网站是至关重要的，在内容选择上那些最能够使客户感兴趣的产品和服务才是最有效的。

根据联想集团近期主推的"神奇工厂"，定位 banner 的画面为外太空，突出其神秘感，符合主题；文字有立体金属质感，视觉冲击力强，能够吸引用户眼球，增强用户的好奇心和兴趣。完成的效果如图 2.15 所示。

图 2.15　banner 完成效果

2.5.7　设计新品推荐等内容区

内容区根据企业的需求定义空间大小，由于联想集团需要展示的内容非常多，还要满足网站的营销性质，采用左中右式以及近似卡片式的布局模式，页面的层次感强，主题明确，完成的最终效果如图 2.16 所示。

图 2.16　主体内容区完成效果

▶▶经验总结

在进行内容区设计时需要统一图标、标题、文字、文字链接、图片、按钮、标签、列表等样式，统一鼠标滑过及按下状态的样式，避免因元素不统一而带给访客对页面的陌生感。偶尔也会因为功能及侧重点不同对某些小功能进行单独设计。

 ## 2.5.8　设计版权区

版权区是声明自身权利、联系方式和其他附加信息的区域，几乎每个网页都有，完成效果如图 2.17 所示。

图 2.17　版权区完成效果

经验总结

效果图制作完成后需要对源文件进行整理,对图层文件夹及图层规范命名,将源文件及相关文档备份。

2.5.9 切片输出

网站效果图设计完成后,将效果图切片输出,为网页的代码转换做准备,切片完成的效果如图 2.18 所示。

图 2.18 切片完成效果

本 章 总 结

　　本章引用联想官网首页设计制作项目，系统讲解营销型企业网站的基本设计流程、设计思路，以及营销型企业网站的概念、营销型企业站与普通网站的区别等内容。通过对项目的整体分析，使学员掌握网页设计需要严格遵循的原则：处处以需求方的项目诉求为中心，并根据需求方的项目诉求恰如其分地设计网页。

学习笔记

第3章

天猫商城——电商网站视觉设计

- ● 本章目标

  完成本章内容以后，您将：
  ▶ 了解电子商务网站的概念及基本组成。
  ▶ 掌握电子商务网站界面设计前需要做的准备。
  ▶ 掌握电子商务网站主要页面的设计技巧。

- ● 本章素材下载

  ▶ 请访问课工场UI/UE学院：kgc.cn/uiue
    （教材版块）下载本章需要的案例素材。

▦ 本章简介

　　网络销售中无论是销售产品还是销售服务,混乱的界面、繁杂的操作,都会令人迷惑。然而,作为互联网 UI 设计师,为了能够让界面看起来更加友好,并且帮助企业实现在线销售,就需要在进行界面设计时引导用户走出迷惑最终实现购买。本章将针对性地讲解电商网站界面的设计技法,并分析临摹天猫商城首页,如图 3.1 所示。

图 3.1　天猫商城首页

3.1　电商网站概述

参考视频
电商类网站设计(1)

　　随着互联网的高速发展,传统商业活动走向电子化、网络化、信息化。越来越多的电商网站如雨后春笋般涌现,人们也逐渐将互联网购物变成一种习惯。据不完全统计,2014 年天猫双 11 当天的交易额达 571 亿元。

◤ 3.1.1　什么是电商网站

　　电商网站就是企业、机构或者个人在互联网上建立的一个站点,是企业、机构或者个人开展电商的基础设施和信息平台,是实施电商的交互窗口,是从事互联网销售的一种手段。常见的电商网站有淘宝网(如图 3.2 所示)、京东商城(如图 3.3 所示)等。

图 3.2　淘宝网首页

图 3.3　京东商城首页

注意

　　电子商务通常是指在全球各地广泛的商业贸易活动中,在因特网开放的网络环境下,基于浏览器/服务器应用方式,买卖双方不谋面地进行各种商贸活动,实现消费者的网上购物、商户之间的网上交易和在线电子支付,以及各种商务活动、交易活动、金融活动和相关的综合服务活动的一种新型的商业运营模式。常见的电商模式有B2B、B2C、C2C、O2O等。其中,O2O(Online to Office,在线离线/线上到线下)是指将线下的商务机会与互联网结合,让互联成为线下交易的前台。

3.1.2 电商网站的功能

1. 注册

注册的目的是增加网站流量和聚集人气，同时可以更好地吸引广告商，但是如果注册程序很烦琐，则会弄巧成拙。据一项数据调查显示，**85%** 以上的用户注册是为了方便购买产品，而不是为了花时间去填写个人信息，所以注册页面只要包含主要的信息即可，如用户名、电话、密码等。如图 3.4 所示为 1 号店的注册页面，注册简洁、方便。

图 3.4　1 号店注册页面

 目前大多数电商网站支持三方无须注册登录，如支付宝登录、QQ 登录、微信登录、手机登录等。

2. 面包屑导航

一个电商网站子页有很多，用户很容易在众多页面中"走失"，这时候面包屑就发挥出很大的作用。如图 3.5 所示为淘宝网的面包屑导航条，很清晰地告诉用户当前是在哪个版块和页面进行浏览，而且在基本导航的功能下增加了筛选功能，在增强用户友好感的同时还利于搜索引擎优化。面包屑提供了一条"明路"给正在浏览的用户，告诉用户想要退回上一页应该怎样去操作、知道正在浏览的版块是哪一块，这些都是非常有用的。

所有分类 ＞ 流行女鞋 ＞ 凉鞋 ｜ 选购热点：罗马风格 ✕ ｜ 品牌：卓诗尼 ✕ ｜ 鞋头：鱼嘴 ✕ ＞

图 3.5　淘宝网的面包屑导航

注意　面包屑导航（Breadcrumb Navigation）这个概念来自童话故事"汉赛尔和格莱特"，当汉赛尔和格莱特穿过森林时不小心迷路了，但是他们在沿途走过的地方都撒下了面包屑，这些面包屑帮助他们找到了回家的路。所以，面包屑导航的作用是告诉访问者目前在网站中的位置以及如何返回。

3. 搜索

电商网站的搜索并不需要像百度搜索那么强大的功能，只需要搜索到电商网站后台数据库里面的内容即可。搜索功能的好处：一是可以节约用户时间，并不需要用户一条一条信息去浏览；二是只要在搜索框里输入自己想要查找信息的关键词，就可以轻松显示相关的信息页面。另外，现在也有很多电商网站提供一些根据属性分类的筛选。如图3.6所示，淘宝的筛选功能也是搜索的一种，可以让用户从里面选择自己想要的条件去筛选，并不需要人工输入文字，简化了搜索的步骤。

品牌	Dell	苹果	ThinkPad	华硕	联想	索尼	神舟	三星	HP	IBM	多选	更多∨
	宏碁	微星	技嘉	东芝	NEC							
适用场景	商务办公	家庭影音	轻薄便携	高清游戏	学生	尊贵旗舰	家庭娱乐	女性定位		多选		
CPU型号	Core/酷睿 i7 ⓘ		Core/酷睿 i5 ⓘ		Intel Core Duo/酷睿双核		Intel Core/酷睿 i3 ⓘ		Celeron/赛扬		多选	更多∨
硬盘容量	500GB	1TB	750GB	无机械硬盘	80GB	320GB	250GB	160GB	40GB		多选	更多∨
筛选条件	屏幕比例∨		显卡类型∨		内存容量∨	是否超极本∨		屏幕尺寸∨		是否PC平板二合一∨		

图3.6　淘宝网的筛选搜索

如图3.7所示，在淘宝网的搜索栏中输入要搜索的产品时弹出了对应产品的提示框，这种搜索提示框对于用户来说，不仅可以节省时间，也可以对用户有一个引导性的广告和搜索提示。

宝贝	天猫	店铺

iphone6plus手机壳 　　　　　　　　　　　　　　　　　**搜索**

iphone6plus手机壳**镶钻**
iphone6plus手机壳**全包**
iphone6plus手机壳**硬**
iphone6plus手机壳**米奇**
iphone6plus手机壳**正品**
iphone6plus手机壳 **软胶**
iphone6plus手机壳 **花朵**
iphone6plus手机壳 **链条**
iphone6plus手机壳 **潮皮**
iphone6plus手机壳 **韩色**
iphone6plus手机壳 天猫相关

图3.7　淘宝网的搜索提示框

4. 捆绑营销

捆绑营销可以解释为"假如用户现在进入购买一台电脑的页面，那么页面中可以提示用户该产品配套的相关产品，如鼠标、键盘、电脑包等"。像这些隐性的推销还是非常有效果的，往往用户会注重捆绑营销买单，如亚马逊网站捆绑营销如图 3.8 所示，提示自己其他消费者会一起购买这些商品；京东商城捆绑营销如图 3.9 所示，会给用户推荐一些优惠套装一起购买。

图 3.8　亚马逊网站捆绑营销

图 3.9　京东商城捆绑营销

5. 订单信息确认

到了这一步，说明网站不仅在产品上吸引用户，而且网站的友好度也被体现出来。但是即使到了订单信息确认这步，网站也是不能马虎的。订单信息是用户购买所有产品后的总汇，在订单信息页面不仅要体现出个人信息版块（收件人、手机、邮箱、收货地址），还要展现所有购买的产品数量和相关信息（价格、尺寸、颜色等）。如果缺少这些，用户会怀疑购买的产品是不是自己想要的。所以一个好的电商网站不仅要做好购买页面的方便，还需要对购买后的信息统计做好订单信息确认。

订单页面和购物车页面还经常会出现"满减""包邮""买送"等优惠信息，促进用户进一步购买。

6. 安全支付

用户最担心数据信息被泄露，银行账号和密码被盗。如果一个电商网站没有具备安全措施，这家电商网站离退出互联网舞台就不远了，所以用户对网上支付的安全性是非常敏感的，无论是支付前还是支付后都会担心数据被盗，所以电商网站必须做好安全支付功能。

3.2　从电商出发——界面设计前的准备

进行网站页面设计很容易倾向已有的设计模式，这样就容易使设计出的界面过于老套。其实每一个网站都有其不同的需求，因此一个设计方案不可能适合所有的网站。那么在设计网站界面之前，就需要问自己或者客户以下几个问题：

➤ 销售的是什么？

➤ 需要什么样的功能？

➤ 目标用户群都有哪些？

 ### 3.2.1　销售的是什么

了解客户销售的是什么？是购买后需要邮寄或快递给客户的有形产品？或是电子形态的产品，如电子书下载、MP3 下载、软件下载？或是捐款、会员费缴纳？以便根据售卖的商品来定位网站的整体布局和风格。如图 3.10 所示，早期的京东商城网主要以销售电子产品为主，布局上分为头部、主体和底部三大部分，为了将更多信息放入同一页内，主体部分采用了左中右的三分栏结构；用色上，淡雅的蓝色既给人一种舒适的视觉效果，又符合京东商城主营 IT 产品的行业特色。转型后的京东商城如图 3.11 所示，售卖商品种类多样，布局仍然为头部、主体、尾部三部分，不同的是根据经营模式的变革，主体部分采用上下结构，类似商场楼层，便于将售卖的产品分类，更便于用户对同类产品的查询，以满足不同客户的不同需求，同时导航设计更加清晰、便捷，更加体现了京东"商城"化的定位。

图 3.10　早期的京东商城首页

图 3.11　转型后的京东商城首页

3.2.2　需要的功能

　　了解客户需要什么样的功能，这些功能都如何实现，便于了解有多少独立页面，页面之间的跳转怎样实现，链接入口在哪里，继而可以对工作量有所把控，并且在设计上提出很独到的见解，更好地完成设计。

3.2.3　目标用户群

　　用户分析在前期分析中至关重要。分析企业面向的用户群，了解他们的年龄、性别、习惯、喜好等，有利于网站风格的定位。蘑菇街首页如图 3.12 所示，它的用户主要为年轻女性，年龄在 20 ～ 40 岁，她们共有的特点是年轻、爱漂亮、时尚、追求潮流。因此，在网站设计上用色夸张，采用 280*420 分辨率的产品大图，整体视觉效果时尚新颖。

图 3.12　蘑菇街首页

当当网首页如图 3.13 所示，所以要符合各年龄段的用户，所以在布局和风格上更加墨守成规，易用性更强，用色简单。

图 3.13   当当网首页

 经验总结

> 一般来说，对客户的分析都是由市场部或者产品经理来完成的，但是一个优秀的互联网 UI 设计师掌握了这种分析技能，可以更好地协助产品经理完成界面的设计，同时可以在设计界面时做出更加优秀的作品。

3.3   电商网站主要页面设计技巧

3.3.1   首页设计

网站首页是一个网站的入口网页，在设计时往往倾向于该网站的功能，引导用户浏览该网站中其他部分的内容。此外，首页还担负着品牌形象的重任，即用户对该平台的认可和信任。一个优秀的电商网站同时承载了引导用户和品牌形象展示的重任，其首页常见的功能如下：

➢ 头部形象：包括网站的 Logo、广告、搜索栏服务保障条款、7*24 小时的服务承诺等（如图 3.14 所示为 1 号店首页头部形象区），这些都起到了展示品牌形象的作用，通过一系列的组合让用户从感知到喜欢，再到接受和信任。

图 3.14　1 号店首页头部

> 检索：检索即搜索，是商城必不可少的元素，它是目标明确用户的信息获取方式。例如，要购买一台苹果全新的笔记本电脑，购物目标明确，不愿意多浪费时间，找一个靠谱的商城直接检索，有则买下，没有则立刻关掉页面。

> 品类建设：也叫"类目规划"或"商品分类"等，就是从大类别到小类别进行梳理，最终把所有涉及的商品全部归纳进去的工作。

▶ 经验总结

对品牌建设的规划和梳理，首先分类不要超过三个级别；其次符合大众的认知常识，做到绝大多数人通过清晰地分类能够快速找到想要的一类商品。

> 推荐及活动：对于随便浏览的用户来说，用推荐商品和活动促销的方式让她们在首页尽快对某个产品感兴趣，并点击进入其详情页面。推荐和活动往往占据首页最大的面积，因为随便逛的用户目标不明确，所以需要更强烈的感官刺激才能激发他们的购物兴趣，如图 3.15 所示为亚马逊首页的推荐和活动。

图 3.15　亚马逊首页的推荐和活动

一个电商网站首页远远不止这些功能，甚至有一些需要产品经理结合自身优势和用户需求来创新，产生"人无我有"的亮点。

网站的首页可分为导航、首屏、商品展示、页尾，几个部分组成天猫商城首页的结构，如图3.16所示。

图 3.16　天猫商城的首页结构

1.　导航

优秀的导航设计能够提高网站的易用性，对实现电商网站的高效运作具有实际意义。另外，电商网站的首页导航设计必须本着用户体验为佳的原则，既要将网站中的所有信息都在有限的导航栏中体现，又要为用户反馈出重要的帮助信息。

用户体验是用户在使用产品过程中建立的感受。

进行电商网站导航设计时先要对网站的整体内容有一个全面的了解，并且将网站内容进行归类。电商网站普遍有两个导航：网站头部的总导航（如图3.17所示）和侧边的分类导航（如图3.18所示）。一般来说，总导航会比较笼统地展示网站商品，分类导航则会比较详细。如图3.19所示，当当网首页导航分类过于复杂、琐碎；蘑菇街首页导航则简洁明了，如图3.20所示。

首页　　美妆　　🔥亲子　　居家　　男士　　全球特卖　　📅明天上线　　☰在售分类

图 3.17　总导航

图 3.18　分类导航

图 3.19　当当网首页导航

图 3.20　蘑菇街首页导航

2. 首屏

世界著名的网页易用性专家尼尔森的报告显示，首屏以上的关注度为 **80.3%**，首屏以下的关注度仅有 **19.7%**。这两个数据足以表明，首屏对每一个需要转化率的网站都很重要，尤其是电商网站。

注意　　首屏（above the fold）是指不滚动 Web 网页屏幕就能被用户看到的画面，最符合时下趋势的首屏设计宽高基本范围是 1440*（600～750），重要的内容可以尽量放在这个区间。

对于"寸土寸金"的首屏，在设计上应该遵循以下原则：

➤ 展示吸引用户的信息：首屏通常通过 banner 将推荐和活动展示出来，banner 中展示的文字应该短小、精悍，尽可能用最少的篇幅把信息表达清楚。标题性文字更应该把商家的商业诉求清晰直接地表达出来。如图 3.21 所示，1 号店首页 banner 的文字"满 168 减 68"能很好地抓住用户的眼球，让用户有强烈的购物欲望。

图 3.21　1 号店首页 banner

➤ 视觉焦点要显眼：多数用户的浏览习惯是走马观花式的，以如今国内电商网站普遍的布局来看，用户在第一屏中的视觉焦点基本上以 banner 和导航为主。因此，其中所表现的无论是文字还是图片，都应该让用户一眼看清内容，减少其思考时间。

▶▶ 经验总结

设计师在设计时可以用"去色"的方法来检验实际效果，如图 3.22 所示为唯品会网站去色前的效果，如图 3.23 所示为唯品会网站去色后的效果。可见，去色后 banner 上的内容仍然可以很容易地辨认出来，文字和背景都很清晰。

图 3.22　唯品会网站去色前的效果

图 3.23　唯品会网站去色后的效果

➤ 用图片说话：要让用户在短短的几秒之内就了解网站或商家发布的一系列信息，仅凭简短的文字是不够的，还需要借力于图片。图片的使用能从侧面含蓄地衬托主题，因此，在图片素材的选择上应该保证对主旨的表达有帮助，并且在视觉上保持风格一致。如图 3.24 所示，凡客诚品的首屏是走极简路线的，没有修饰，让用户可以专注于商品本身。虽然配图没有把商品全貌都展现出来，但在极简的风格下也能增强用户的点击欲。

图 3.24　凡客诚品的首屏

➤ 用风格强调主题：网站首屏的风格是根据目的来决定的，在设计之前必须了解这个首屏究竟在整个网站中会起到什么样的作用。一般来说，电商网站的首页首屏会用来进行推广宣传，如单品推广、店铺推广和活动推广等。如图 3.25 所示，以单品推广作为主题的首屏一般会用卖点组成文案，再配上简单的图片；如图 3.26 所示，一项活动的宣传很难用简单的文案在首屏中描述清楚，所以要尽量用有冲击力的字词来吸引用户点击到详情页。

图 3.25　单品推广为主题的首屏

图 3.26　活动推广为主题的首屏

3．商品展示

目前最常见的商品展示区就是仿商场楼层式的设计，天猫商城商品展示区如图 3.27 所示，京东商城商品展示区如图 3.28 所示。进行楼层设计的时候要结构清晰、分类明确，以便用户在浏览过程中清晰地区分出各种楼层和分类。分割楼层和分类时，除了留出一定的空白区域外，还可以在楼层之间增加窄条的 banner。

图 3.27　天猫商城商品展示区

图 3.28　京东商城商品展示区

在商品展示区，天猫商城和京东商城广告图的排版略有区别，天猫商城采用居中排版，如图 3.29 所示，略显死板，但是留给图片展示的空间更大，更具营销效果；京东商城采用对角线平衡构图，如图 3.30 所示，显得比较动感、自由、档次高，但是留给图片展示的空间较少。

图 3.29　天猫商城广告图

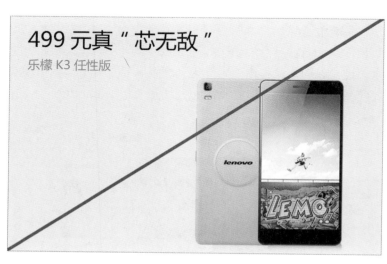

图 3.30　京东商城广告图

▶ 经验总结

设计师在进行设计的时候，需要对具体问题进行具体分析，考虑网站是需要高端大气的还是更实用的效果。

4. 页尾

电商网站的页尾主要由两部分组成：承诺和服务保障、版权信息。承诺和服务保障增强了用户对该电商网站的信任度，提高了用户对该网站的黏性，常见的保障品类有服务保障、用户帮助、退换货保障、品质保障、品类保障、配送保障、价格保障等。如图 3.31 所示为天猫商城页尾的设计。

图 3.31　天猫商城页尾承诺保障区

▶ 思考

对国内主要电商网站天猫商城、京东商城、亚马逊的首页进行比较分析（可以从第一屏和第二屏布局、搜索功能、商品列示方式三个方面进行比较分析）。

3.3.2 列表页设计

电商网站中的商品列表页称为商品聚合页，能为消费者提供更完善的商品种类选择。这一类页面的最大特点就是信息量大、图片多，所以布局是否清晰合理，以及如何尽可能地压缩内容是商品列表页设计的重点部分。目前，国内电商网站的商品列表页常见的表现形式有三种：行列排列（如图 3.32 所示）、瀑布流（如图 3.33 所示）和特别款突出（如图 3.34 所示）。

图 3.32　行列排列的表现形式

图 3.33　瀑布流的表现形式

图 3.34　特别款突出的表现形式

▶▶ 经验总结

行列排列、瀑布流、特别款突出这三种形式各有特点，当商品的种类数量多且繁杂时，规整的行列排列方式更利于用户找到浏览规律；瀑布流的形式多在流行、时尚领域的电商网站中使用；特别款突出的方式可以为一些节日活动的宣传促销而准备。设计师应该根据商品的特色选择最适合的表现手法。

3.3.3 商品详情页设计

商品详情页是电商网站中最容易与用户产生交集共鸣的页面，详情页的设计极有可能会对用户的购买行为产生直接的影响。商品详情页的常见结构如图 3.35 所示。

商品详情页设计的注意事项如下：

➤ **商品展示图不宜过大**：商品详情页中的图片展示是用户进入该页面后的第一个视觉点，但是展示图不宜过大，应考虑到右侧文字信息对用户的重要性。

图 3.35　商品详情页的常见结构

▶ **经验总结**

> 对图片展示的鼠标悬停效果，建议通过点击后才体现，避免鼠标无意识划过时细节马上呈现而影响用户对文字的阅读。

➤ **保持页面连贯性**：关于商品详情页，用户需要清晰地认识到商品的全部信息，或者说该如何为自己带来好处。

▶ **经验总结**

> 商品描述的逻辑顺序非常重要，设计师可以基于商品描述的认知规律设计描述商品详情。

➤ **页面不宜过长**：页面长度的掌握在商品详情页的设计中是一个很常见的待解决问题，页面长度过长不仅会导致网页加载速度变慢，还会让用户产生视觉疲劳。

▶ **经验总结**

> PC 显示在 20 屏以内，切图的时候要注意尺寸和大小，一般高度保证在一定范围，这样可以保证在手机上浏览详情页时图片显示和下载速度都比较好。同时，文字大小要考虑用户阅读，重点信息的最小字号应大于 12px。

 ### 3.3.4 其他页面

除首页、列表页、内容页外，电商网站常见的页面类型还包括登录/注册页、确认购买页、支付页、个人中心等常规页面，这些页面通常从页面的功能实用性入手，设计的时候可以参照成熟电商网站的页面去其糟粕、吸其精华地进行。

3.4　天猫商城——电商网站首页设计

完成的最终效果如图 3.36 所示。

图 3.36　天猫商城首页

3.4.1　技术要点

（1）使用网格、参考线设计布局。
（2）合理运用设计四原则。
（3）根据页面布局要求对图像进行优化处理。
（4）首屏 banner 设计体现主题。

 3.4.2　划分大致布局

（1）使用网格和参考线绘制首页的功能和模块，如图 3.37 所示。
（2）设计主要 banner。

图 3.37　首页结构图

为淘宝女鞋馆设计一个广告，要考虑到具有强烈购买欲的多是年轻女性，因此应选择轻质感、浅色系，文字选择扁平化以突出主题。采用常见的左右布局，左边放置产品效果图，右边是宣传文字。主副标题的文字采用同一颜色，效果更统一，因为是女鞋馆开馆宣传 banner，所以并没有设计针对单品的促销信息。完成效果如图 3.38 所示。

图 3.38　banner 完成效果

 经验总结

主标题颜色直接从产品照片中吸取（如棕色的文字，源于深棕色的头发），这是常见快速配色的方法，颜色和文字统一比较有效果。

（3）设计商品展示区。

商品展示区按照商场楼层设计，楼层之间适当留白，便于用户分清楼层，减轻用户由于楼层多、品类繁多造成的视觉障碍。完成的效果如图 3.39 所示。

图 3.39　楼层设计效果

▶▶ 经验总结

> ➤ 尽量给每个版块设置外框，给人以稳定感，视觉上更加整齐。如果风格要求不能增加外框，那么根据相近成组原则在视觉上要能明显看出是一个区域。
>
> ➤ 楼层的间距不宜过窄，可以考虑为 20 ～ 30px，否则会产生各楼层混淆不清的效果。
>
> ➤ 楼层的衔接大都采用平稳的线条，给人以稳定感，易于区分各楼层之间的关系。
>
> ➤ 楼层之间可以增加 banner，可以更好地分割，拥有更漂亮的页面和更多的促销信息。

（4）设计页尾。

天猫商城的版权信息部分采用沉稳的黑色，能起到稳定的作用，同时能够将保障和版权信息清晰地划分。完成的效果如图 3.40 所示。

图 3.40　页尾效果

页面完成后的整体效果如图 3.41 所示。

图 3.41　最终完成效果

本 章 总 结

　　优秀的电商网站可以帮助企业良好地发展互联网营销，而且带给用户愉悦的购买经历。本章详细讲解了电商网站的构成、电商网站的设计方法和技巧，并指导学员如何将设计经验融入实际设计工作当中，以设计出一个具视觉冲击力、符合互联网营销标准且带给用户良好的用户体验的电商网站。

学习笔记

第4章

三星天猫旗舰店——
电商网站店铺视觉
营销设计

● 本章目标

完成本章内容以后，您将：

▶ 掌握电商网站店铺装修相关理论。

▶ 了解电商网站店铺装修需求分析方法。

▶ 掌握电商网站店铺装修项目实现思路。

● 本章素材下载

▶ 请访问课工场UI/UE学院：kgc.cn/uiue
（教材版块）下载本章需要的案例素材。

▓ 本章简介

随着电子商务业务的发展,各大小网店之间的竞争加剧,电子商务网站的店铺装修已经成为一种潮流,列为店主店铺推广的重点工作之一。一个好的淘宝店铺装修能吸引更多的买家,让店主在电商竞争中脱颖而出。用户进入店铺的任何一个页面都能看到令人愉悦的设计,这是大部分买家所希望看到的。好的店铺装修能给顾客带来轻松愉快的心情,提高顾客购物的欲望。本章将介绍如何设计出符合互联网营销的完美店铺界面,完成效果如图 4.1 所示。

图 4.1　店铺装修效果(首页、详情页局部)

4.1　三星天猫旗舰店——电商网站店铺装修需求描述

参考视频
店铺视觉营销设计(1)

 4.1.1　项目名称

项目名称为"三星天猫旗舰店"店铺装修模板设计。

 4.1.2　项目描述

三星电子计划在天猫商城开一家旗舰店,需要对店铺进行整体包装,包括店铺首页和店铺详情页两部分。

 4.1.3　界面要求

界面简洁、大气,具有极强的视觉冲击力;界面的主体颜色要符合企业形象,尽量能够通过页面的转化提升实际销量。

4.2 电商网站店铺装修相关理论

电商网站店铺的盛行使得店铺装修服务行业迅速发展，涌现了一批店铺装修设计团队为网店装修服务。常见的店铺装修主要有两种：一种是买现成的模板，另一种是定做。然而想要经营好网店，在竞争激烈的网店中争得优势地位，就要做到"个性"。设计特点、设计个性、设计风格是一个好的店铺装修所必须遵循的三大原则。常见的电商网站店铺装修主要是针对店标、店招、首页以及产品描述、促销或活动专题页面的部分进行设计。

4.2.1 店铺首页

对于电商网站，店铺首页的作用主要有两个：达到品牌与用户之间的交流；提高点击转化，帮助卖家达成交易。好的店铺首页可以增强用户对店铺的黏性，提高产品的销量。首页常见的布局如图 4.2 所示。

图 4.2　店铺装修首页常见的布局

1. 页头

店铺首页的页头主要包括店标、店招，是体现店铺风格、店铺特点的地方，也是展示店铺实力的地方。好的页头设计可以增加用户的黏性，提升店铺的整体形象。

店标即店铺的标志 Logo。通常 C2C 的店铺需要设计全新的店标，如图 4.3 所示；而一些入驻电商平台的企业则通常用企业原有的 Logo 作为店标，如图 4.4 所示。

图 4.3 初语装修首页页头

图 4.4 Letv 装修首页页头

 经验总结

> 需要重新对店铺进行店标设计的时候，注意店铺的店标要与行业特征相符合，以便拉近店铺商家与用户的距离；店标尽量简单，不宜过于复杂，以便增加店标识别度。

店招就是店铺的招牌，目的就是让用户知道该店铺销售的产品、品牌和当前促销活动的信息，如图 4.5 所示。从内容上说，店招包含的内容有店铺名称、店标、店铺广告标语、店铺收藏按钮、关注按钮、促销产品、优惠券、活动信息/时间/倒计时、搜索框、店铺公告、网址、第二导航条、旺旺、电话热线、店铺资质、店铺荣誉等信息。从功能上说，可分为品牌宣传类、活动促销类、产品推广类三大主要类别。

图 4.5 粉红大布娃娃天猫店店招

> ➤ 品牌宣传类：内容包括店名、店标、店铺标语、关注按钮＋关注人数、收藏按钮、店铺资质、搜索框和第二导航条等内容，如图 4.6 所示。

图 4.6　妖精口袋天猫店店招

▶ 经验总结

　　使用品牌宣传类为主的店铺的特点：产品给力、店铺实力雄厚、有自己的品牌，或者努力朝着这个方向发展的一部分店铺。

> ➤ 活动促销类：内容包括店名、店标、店铺标语、活动信息/时间/倒计时、优惠券、促销产品、搜索框、旺旺、第二导航条等内容，如图 4.7 所示。

图 4.7　茵曼天猫店店招

▶ 经验总结

　　使用活动促销类为主的店铺的特点：有别于店铺正常运营，期望店铺活动、流量集中增加，并且希望快速致富。

> ➤ 产品推广类：内容包括店名、店标、店铺标语、促销产品、促销信息、优惠券、活动信息、搜索框、第二导航条等内容，如图 4.8 所示。

图 4.8　裂帛天猫店店招

▶ 经验总结

　　关于导航设计，一般用户的视觉重点在前三个导航信息内，因此导航类目不要多于 8 个；在进行导航设计的时候可以考虑增加小而精致的图标或者高亮显示来突出导航的内容。

2. 首焦

　　首焦称为首焦海报，是店铺首页最重要的位置，通常用来展示店铺主要推荐的产品、镇店之宝、店铺的优惠活动，协助树立品牌形象。大篇幅的首焦图像在店铺页面设计上更容易烘托气氛，因此在节日及各类大型活动中经常使用，如图 4.9 所示。稍微短一点的首焦比较适合紧凑型的明星款产品、类目展示，可以很好地展示某一主推的类目，如图 4.10 所示。

图 4.9　Hape 天猫店首焦海报

图 4.10　小米天猫官方旗舰店首焦海报

▶▶ 经验总结

　　通常主题类活动的首焦海报，为烘托隆重、欢庆、紧张、热烈的气氛建议使用 1920 *（700 ～ 1000）px 的尺寸；明星产品助推海报以产品介绍和助推为主，建议使用 1920 *（500 ～ 700）px 的尺寸。

　　在进行首焦设计的时候，从以下几点考虑可以使设计看起来更专业、更具档次：

➢　构图：美观且稳定。常见的稳定构图形式有斜线构图（如图 4.11 所示）、斜对角构图（如图 4.12 所示）、垂线构图（如图 4.13 所示）、上下构图（如图 4.14 所示）。

图 4.11　斜线构图

图 4.12　斜对角构图

图 4.13　垂线构图

图 4.14　上下构图

▶▶ 经验总结

画面最重要的就是构图，无论进行怎样的设计都要确保构图的稳定感，至于使用什么样的构图，需要根据实际情况决定。

> ➤ 层次感：可以使用背景弱化或者模糊来突出主题，以增强画面的层次感，如图 4.15 所示。

图 4.15　背景弱化或者模糊来突出主题

> ➤ 视觉焦点：设计的时候要在保证画面时尚感的同时具有强烈的视觉冲击力，视觉的焦点一定要突出主题，如图 4.16 所示。

图 4.16　焦点突出主题

3. 次屏

首焦下面的内容都可以称为次屏，主要烘托活动气氛，细化优惠信息，进行分区分类产品引流，最大化地利用首页的流量资源，通常可以放置类目导航和主推产品两部分内容，如图 4.17 所示。

▶▶ 经验总结

> 如果页面同时具有类目导航和主推产品两部分内容，在设计上需要弱化布局之间的对比，更好地突出当前活动。此部分产品的价格和折扣信息一定要突出，这是提高点击率和转化率的关键。

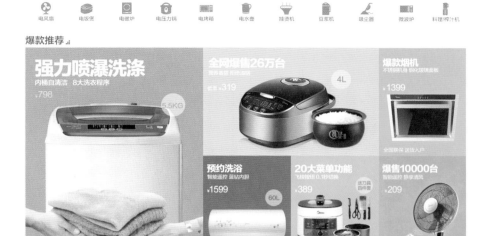

图 4.17　美的天猫官方旗舰店次屏

4. 定期活动

　　定期活动的展示产品可以是新品，也可以是平日的爆款产品，以及一些关联的销售产品，如图 4.18 所示。

图 4.18　木玩世家旗舰店定期活动

▶▶ 经验总结

可以在设计的时候适当写一些文字介绍，如功效、材料等，或者是降价、折扣等信息，以大幅提高转化率。

5. 单品广告

对于单品广告区，选用轮播的方式会更好，如图 4.19 所示。

图 4.19　苏泊尔官方旗舰店单品广告

6. 单品分类推荐

很多设计师会将系统自带区域删除，这样容易给用户一种不完整的感觉，在系统自带区域不需要进行过多设计，只要店主自行安排好产品的前后顺序即可。

7. 页尾

页尾主要是进行品牌的自我介绍，使品牌获得更多用户的认知，打消顾客的顾虑，如图 4.20 所示。页尾是防止用户流失的最后一个手段，因此一定不要轻视页尾的作用，内容不宜过多，否则会显得啰唆。

▶▶ 经验总结

首页总体长度不宜过长，尽量不要超过 8 屏。

图 4.20　创维冰洗天猫官方旗舰店页尾

4.2.2　店铺详情页

宝贝详情页是提高转化率的入口，能激发顾客的消费欲望，树立顾客对店铺的信任感，打消顾客的消费疑虑，促使顾客下单。经过设计的宝贝详情页对转化率有提升的作用。常见的详情页结构如图 4.21 所示。

▶▶ **经验总结**

有些店铺为增加店内的销量，加大促销力度，会在宝贝详情页的第一部分设计添加促销信息、优惠券下载等内容。

1.　创意海报情景大图

宝贝详情页的情景大图是整个页面视觉的焦点，在设计的时候尽量使画面符合产品特色，并达到第一时间吸引买家注意力的目的。如图 4.22 所示为某扫地机器人的产品情景大图。

2.　宝贝卖点介绍

这部分主要通过图文的形式介绍产品的卖点、特性、作用、功能以及给消费者带来的好处等。如图 4.23 所示为电动豪华按摩椅的卖点介绍。

创意海报情景大图
宝贝卖点/特性
宝贝卖点/作用/功能
宝贝给消费者带来的好处
宝贝价格参数/信息
同行宝贝优劣对比
模特/宝贝全方位展示
宝贝细节图片展示
产品包装展示
店铺/产品资历证明
品牌店面/生产车间展示
售后保障问题/物流

图 4.21　详情页结构

图 4.22　某扫地机器人的产品情景大图　　　　图 4.23　电动豪华按摩椅的卖点介绍

> **注意**　宝贝卖点介绍尽量遵循 FAB 法则，即 Feature（特点），指产品品质，即一种产品能看得到、摸得着的东西；Advantage（作用），从产品特性引发的用途，通常是产品的独特之处；Benefit（好处），指产品的作用或优势会带给客户的利益。

3. 宝贝的规格参数信息

用图文的形式可视化地展示宝贝的尺寸，可采用实物与宝贝对比、实景中宝贝的展示等，让用户切身地感受到宝贝的实际尺寸，以免收到货后与心理预期不符。如图 4.24 所示为某扫地机器人规格参数信息的实景展示。

图 4.24　某扫地机器人的实景展示

4. 同行宝贝优劣对比

可以通过对宝贝的对比来强化卖点，不断地向用户阐述产品的优势，如图 4.25 所示。

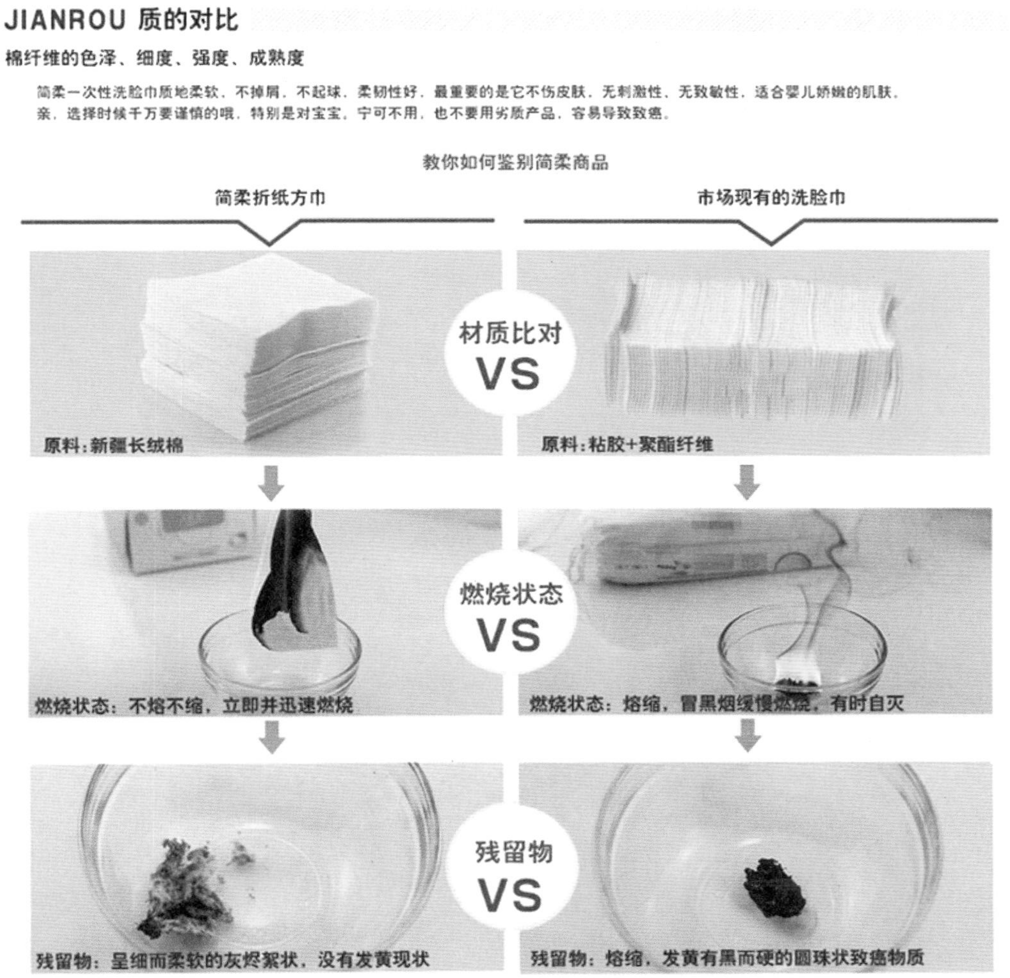

图 4.25　同行宝贝优劣对比

5. 宝贝全方位展示

宝贝全方位展示可以加深用户对产品的了解，增强购买欲望。如图 4.26 所示为某女装产品的全方位展示，通过提供模特的三围信息来增强用户对该服装的穿着感的认知。

图 4.26　宝贝全方位展示

6. 宝贝细节图片展示

宝贝细节图片要清晰且富有质感，而且配合相关的文案介绍会起到更好的营销效果，如图 4.27 所示。

图 4.27　宝贝细节图片展示

7. 产品包装展示

产品包装展示主要包括产品的包装、店铺或产品资质证书展示、品牌或者店面展示等内容，通过对这些内容的展示可以烘托出品牌的实力，增强用户对品牌的认同感。

8. 售后保障 / 常见问题答疑 / 物流保障

这是产品详情页的页尾，通过售后保障 / 常见问题答疑 / 物流保障可以增强用户对该店铺的信任感，减少店铺客服的压力，增加静默的转化率。例如 7 天无理由退换货、几天发货、发什么快递、大概几天到达、产品出现质量问题如何解决等。

 经验总结

> 在设计宝贝详情页的时候可以遵循引发兴趣→激发潜在需求→赢得消费者信任→替客户做决定的基本描述顺序。

4.3 三星天猫旗舰店——电商网站店铺装修需求分析

参考视频
店铺视觉营销设计（3）

在进行店铺装修设计之前要充分进行市场调查、同行业调查，规避同款。同时做好消费者调查，分析消费者的消费能力、消费喜好，以及购买时所关心的问题等。

 ### 4.3.1 竞争对手分析

此次店铺装修的三星天猫旗舰店拟定电视为主推产品，并且是建立在天猫商城平台上的店铺，因此在分析竞争对手的时候只针对天猫商城的创维电视旗舰店（如图 4.28 所示）和 LG 旗舰店（如图 4.29 所示）。通过对这两个店铺首页和宝贝详情页的分析对比发现以下特征：

> ➢ 店铺首页：页面风格高端大气，符合产品定位；主推产品卖点明显，有详细价格标示及转化按钮。

> ➢ 宝贝详情页：采用高清大图描述产品特征，图片均经过二次效果修饰，突出产品卖点；单独卖点均占用一屏的空间展示，细节突出。

> ➢ 首页和详情页均合理利用留白手段，增加画面呼吸感。

图 4.28　创维电视旗舰店首页和宝贝详情页

图 4.29　LG 旗舰店首页和宝贝详情页

▶▶ 经验总结

在对同行对手进行分析的时候,取材可以选择同行业、同产品或者在不同的电商平台中寻找同类型产品的设计风格和设计方案,从中找出针对自己要设计的产品的风格定位。

4.3.2　用户(消费群体)分析

分析一些购买过其他品牌电视机的用户的评价,从中发现用户更关心的是关于画面画质、运行速度、外观设计等几个主要方面的问题，因此不难确定该产品应该突出宣传展示的产品的卖点为产品外观、高清晰度画质和 8 核心的超强运行速度。

▶▶ 经验总结

　　　针对用户进行分析可以深度挖掘出宝贝的卖点。例如，一家卖键盘膜的店铺发现评价里的中差评很多，大多是抱怨键盘膜太薄，一般的掌柜可能下次直接进厚一点的货，而这家掌柜则直接把描述里的卖点改为史上最薄的键盘膜，结果出乎意料：评分直线上升，评价里都是关于键盘膜真的很薄之类的评语，直接引导并改变了消费者的心理期望，达到非常好的效果。

4.4　三星天猫旗舰店——电商网站店铺装修思路

　　完成的店铺装修首页效果如图 4.30 所示。

图 4.30　首页的最终效果

4.4.1　技术要点

（1）合理运用设计四原则。
（2）色彩、风格符合企业产品定位。
（3）文案运用情感营销引发共鸣。
（4）运用好 FAB 法则。

4.4.2　店铺首页设计

1．大体框架和主色调确定

白色的简洁风格突出产品定位高端、走扁平化路线，颜色鲜艳突出产品和促销主题，布局采用一般标准店铺首页布局。

2．店招设计

因为三星品牌已经是家喻户晓的优良品牌，所以在店招设计上采用活动促销类店招，突出三星的企业 Logo 和促销活动，在第二导航栏的设计上，沿用企业 Logo 标准色，设店内搜索栏和店铺收藏按钮，完成效果如图 4.31 所示。

图 4.31　店招设计

3．首焦设计

首焦以轮播图展示当前主推的产品——三星超级电视，为配合页面整体简洁风格，采用白色背景，整体构图采用垂线构图形式，文字设计产品名称配合价格的详细数字，突出优惠的优势，增强用户的购买欲望，完成效果如图 4.32 所示。

图 4.32　首焦设计完成效果

4. 次屏设计

次屏配合店铺的营销活动，先放置优惠券、类目导航，然后是主推商品；由于主推的单品比较多，因此在布局上采用几何形布局、撞色的配色风格，色彩鲜艳，突出主推单品的主题内容，完成效果如图4.33所示。

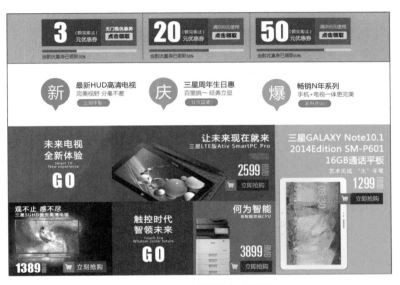

图 4.33　次屏设计完成效果

5. 页尾设计

页尾增加了产品导航区，为用户浏览到页尾的时候跳转到相关品类页面提供了便利条件。导航的类目以图表形式展现，时尚大气、识别性强；同时增加了第三方关注，可以通过第三方平台的推广进行产品营销，同时增加用户和企业的黏性；页尾保障区提供了用户最为关心的客户保障，从根本上消除了用户的购买顾虑，增强了店铺的可信度。页尾的完成效果如图4.34所示。

图 4.34　页尾设计完成效果

首页最终设计效果如图 **4.35** 所示。

图 4.35　店铺首页的最终效果

▶ 思考

　　如何更好地运用 FAB 法则设计店铺详情描述页呢？注意，在设计宝贝详情页的时候要遵循页面风格与宝贝主图、宝贝标题相契合，真实介绍宝贝属性的原则。

本 章 总 结

　　店铺装修设计完成之后需要配合分析询单率、停留时间、转化率、访问深度等数据进行优化，在进行设计时需要对不同行业具体地分析其风格和布局。设计的最好方法就是收集同行业销量占前几名的店铺设计，分析它们的布局文案，先模仿后创作。

学习笔记

第5章

Apple Watch百度推广页——Landing Page设计与优化

● **本章目标**

完成本章内容以后，您将：

▶ 了解Landing Page的相关概念。

▶ 了解Landing Page的类型。

▶ 掌握Landing Page的内容选择。

▶ 掌握Landing Page的设计方法。

▶ 掌握返利网Landing Page热力图的分析与优化。

▶ 掌握Apple Watch百度推广页的设计分析。

● **本章素材下载**

▶ 请访问课工场UI/UE学院：kgc.cn/uiue
（教材版块）下载本章需要的案例素材。

▓ 本章简介

什么是 Landing Page？如何制作 Landing Page？如何使它更适合整体市场营销计划？你能说服每个访问者在你的页面进行你所期望的操作吗？你对 Landing Page 给予了足够的关注吗？关注的对吗？

本章将解答这些问题，并带你设计出优秀的 Landing Page，完成效果如图 5.1 所示。

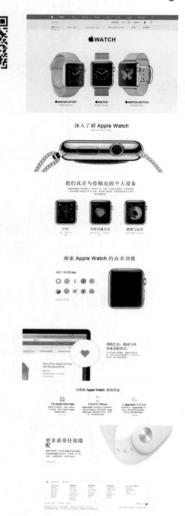

图 5.1　Apple Watch 百度推广页

5.1　Landing Page 概述

参考视频
Landing Page 设计优化（1）

随着互联网的高速发展，各行各业都希望通过互联网营销自己的品牌和产品，而在营销过程中实现高转化率的着陆就显得尤为重要，由此 Landing Page 这个概念就应运而生了。

5.1.1 Landing Page的定义

Landing Page 又叫着陆页，就是当潜在用户点击广告或者利用搜索引擎搜索后显示给用户的页面。一般这个页面会显示和所点击广告或搜索结果链接相关的扩展内容。

Landing Page 就是网站用户点击你的广告或者直接到达网站后的第一个页面，也就是在你的网站不经过任何操作就到达的页面。如图 5.2 所示为 iPhone 6 Landing Page 页面。

图 5.2　iPhone 6 Landing Page 页面

> **注意**　网站各个前台页面都可以充当 Landing Page，但不同的页面有不同的任务：首页，通常是为了引导用户到达其他页面；栏目页，多为专题页面或促销页面；列表页，类似栏目页，一般不需要进行特别的设计，主要起引导的作用；内容页，即详情页，是转化最多的页面，主要功能有下载、注册、购买等。

5.1.2 互联网营销的目标

互联网营销有三个至关重要的目标：捕获、转化和保持。每一个步骤都影响接下来的步骤。每个在线市场活动的效能可能通过如图 5.3 所示的行为漏斗来表现。

低效的捕获将限制站点的流量。一个有着低转化率的、让人困惑的 Landing Page 会使购买的客户量较小。不适合的客户保持策略将不能从当前的潜在客户或已购买的客户中获取更多的价值。

图 5.3　行为漏斗

1. 捕获

捕获主要关注为网站和 **Landing Page** 带来流量。捕获的目的是使目标客户注意到你的公司和产品，并产生足够的兴趣访问你的网站。捕获主要有线上和线下两种方法，如图 5.4 所示。

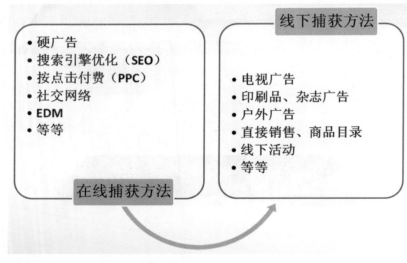

图 5.4　捕获的主要方法

2. 转化

当一个用户来到 Landing Page 并执行了一个预期的、对你的业务有可度量的帮助的操作时转化就发生了。这些预期操作可以是一次购买（如图 5.5 所示）、下载（如图 5.6 所示）、填写表单（如图 5.7 所示）或者在网站上从一个页面到另一个页面的简单点击。

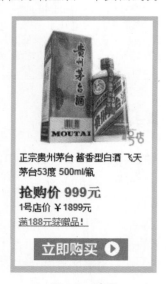

图 5.5　购买

图 5.6　下载　　　　　　　　图 5.7　填写表单

3. 保持

保持是互联网营销活动中的第三个要点，与转化的关系非常密切。保持应该在转化行为发生后立即开始。行之有效的保持方案可以使客户与公司关系的生存周期更长，进而为公司带来更多的收益。

 ## 5.1.3　用户到达Landing Page的行为

1. 转化

公司规定完成的一个动作可以是注册、登录、添加到购物车、购买、下载、拨打页面上的电话等各种公司觉得有意义的行为。

对于一个网站，转化不一定是一次，可以是设置多个转化目标，也可以是分阶段转化。例如，电商 Landing Page 页面会让用户添加购物车，最后支付这样的形式分阶段转化。如图 5.8 所示为电商网站的 Landing Page 页面。

图 5.8　电商网站的 Landing Page 页面

2. 引导

为了帮助浏览者完成转化的中间过程，在靠一个页面实现转化很困难的网站中就需要 Landing Page 起到引导的作用。引导可以是多种形式，如文字介绍、在线咨询等，如图 5.9 所示。

图 5.9　培训机构的 Landing Page 页面

3. 离开

用户离开页面主要有以下几个原因：

➢ 客户对页面本身没有任何兴趣，关闭了页面。

➢ 用户不是目标用户群体。

➢ 页面本身有问题，没有足够的吸引力。

➢ 投放的广告设计没有结合 Landing Page，信息不一致。

➢ 网速慢，网页错误。如图 5.10 所示为页面登录错误时出现的 404 页面。

图 5.10　404 页面效果

注意　　404 页面是用户在浏览网页时，服务器无法正常提供信息或者是服务器无法回应其不知道原因的所返回的页面。

参考视频
Landing Page 设计优化（2）

5.2　Landing Page 的类型

按照目的可将 Landing Page 分为三大类型：交易型 Landing Page、参考型 Landing Page、压缩型 Landing Page。

 ### 5.2.1　交易型Landing Page

交易型 Landing Page（如图 5.11 所示）即 Transactional Landing Page，试图让用户完成一次交易行为，如填写注册表单，最终目的是尽量使访问者立即购买。这类 Landing Page 至少要获得访问者的联系方式才能算是成功的。

图 5.11　交易型 Landing Page

交易型 Landing Page 中完成一次交易叫做一次转化，转化率是完成期望行为的访问者占全部访问者的比例。

 注意　转化率是指用户登录 Landing Page 并执行了预期操作的一部分人的百分比，其公式为：

$$转化率 = 转化数量 ÷ 独立访问次数$$

 ### 5.2.2　参考型Landing Page

参考型 Landing Page（如图 5.12 所示）即 Reference Landing Page，用于提供文字、图片、动态的相关链接或其他元素等相关参考信息给用户。参考型 Landing Page 对满足协会、机构或公共服务组织的目标非常有效。

图 5.12　参考型 Landing Page

 5.2.3　压缩型Landing Page

压缩型 Landing Page（如图 5.13 所示）即 Squeeze Landing Page，主要用于获取用户信息，也叫名单提取页，通常用于直接营销。

图 5.13　压缩型 Landing Page

 注意　　直接营销是指不通过中间人或中间商，直接将产品和服务送达到消费者手上的营销方式。

5.3 Landing Page 的内容选择

　　互联网营销的本质在于内容营销，尤其是产品和购买流程比较复杂的行业更应该重视内容的环节，高转化率的 Landing Page 应该具备打动人心的内容。

5.3.1　明确核心目的

（1）对企业来说：销售产品和服务。

　　小米官网的核心目的是销售小米产品，如图 5.14 所示；美莱的核心目的是销售割双眼皮的服务，如图 5.15 所示。

图 5.14　小米盒子的 Landing Page

图 5.15　美莱的 Landing Page

（2）对消费者来说：需求得到满足。

消费者在小米官网买到了小米盒子，消费者在美莱割了双眼皮。

5.3.2　明确目标人群

➤ 目标人群是对产品和服务有需求而且有能力购买的人。

➤ 目标人群不一定是产品和服务的直接使用者，也可以是购买者，如图 5.16 所示，辅导班针对的是孩子，但是目标人群应该是给孩子报辅导班的家长，他们是购买者。

图 5.16　辅导班的 Landing Page

➤ 细分目标人群的维度。

细分目标人群需要结合自身的产品，从年龄、性别、地域、行为模式、心理、收入、职业、文化程度等多个角度综合分析。

◆ 年龄：儿童、青少年、中年人、老年人。

◆ 性别：男性、女性。

◆ 社会身份：大学生、白领、病人、……

◆ 所在地域：美国、英国、中国北京、中国香港、……

……

5.3.3　分析目标人群的特征

在明确目标人群的基础上，进一步挖掘目标人群的喜好、行为特征和心理特征。

 思考

　　如果产品的目标人群定位是青少年，则思考青少年有哪些特征。

_____

_____

_____

5.3.4 确定卖点和主题

1. 确定卖点

卖点是产品与众不同的特色和特点，是吸引消费者的关键。如图 5.17 所示，美的变频空调的特点就是节电。

图 5.17　美的变频空调

2. 确定主题

主题是 Landing Page 的核心立意，是从消费者的角度解释卖点。如美的变频空调：一晚只用一度电 vs 节电、省钱。

 ### 5.3.5 整理、组织内容

➤ 产品介绍：以图片或者文字形式展示，如图 5.18 所示为图文结合式的产品介绍。

图 5.18　图文结合式的产品介绍

> 产品特点和功能。
>> ◆ 以图片、文字或者图文结合的方式展示产品特点和功能,如图 5.19 所示。
>> ◆ 采用同类产品对比的方式展示产品特点和功能,如图 5.20 所示。

图 5.19　图文方式

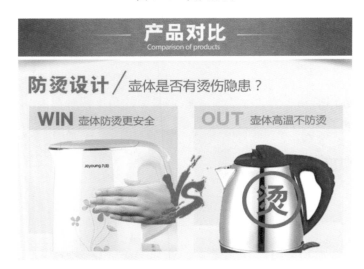

图 5.20　同类对比方式

> 品牌故事 / 历史。
>> ◆ 通常使用图文结合的方式展示,如图 5.21 所示。

图 5.21　品牌故事(图文结合)

◆ 涉及时间的也常利用时间轴展示，如图 5.22 所示。

图 5.22　品牌故事（时间轴）

➤ 社会口碑：常见的是名人推荐（如图 5.23 所示）和客户的使用效果（如图 5.24 所示）。

图 5.23　社会口碑（名人推荐）

图 5.24　社会口碑（使用效果）

➤ 公司 / 品牌实力介绍：以图片、文字或者图文结合的方式展示，如图 5.25 所示。

图 5.25　公司 / 品牌实力介绍

➤ 媒体报道：通常使用文字报道和视频报道相结合的方式，如图 5.26 所示。

图 5.26　媒体报道

➤ 组织内容的一般逻辑。

◆ 提出问题 / 展示主题：产品卖点介绍如图 5.27 所示。

图 5.27　提出问题 / 展示主题

◆ 解决问题：产品是如何满足消费者需求的，技术优势、适用范围，如图 5.28 所示。

图 5.28　解决问题

◆ 实施转化：打消消费者的疑虑，促成购买，如图 5.29 所示。

图 5.29　实施转化

5.4　Landing Page 的设计方法

5.4.1　Landing Page页面结构概述

1. Landing Page 页面特征

网易易信的 Landing Page 如图 5.30 所示，新东方在线的某 Landing Page 如图 5.31 所示，英孚教育的某 Landing Page 如图 5.32 所示。

图 5.30　网易易信的 Landing Page　　　图 5.31　新东方在线的某 Landing Page

图 5.32　英孚教育的某 Landing Page

由此可以总结出 Landing Page 的主要页面结构特征，包括以下几个：

➤ 一个 Landing Page 页面为一个主题。

➤ 所有内容在一个页面上呈现，不需要点击链接查看。

➤ 页面比较长，一般由多屏组成。

➤ 第一屏一般为高清大图，主题明确。

➤ 内容模块一般为通栏展示。

➤ 页面上有很多转化元素。

2. Landing Page 页面元素

Landing Page 的元素如图 5.33 所示，主要包括：

➤ 页头 / 页尾。

➤ 首屏。

➤ 导航栏。

➤ 内容模块。

　◆ 图 / 文 / 表。

　◆ 表单 / 按钮 / 电话。

　◆ 视频 /flash。

➤ 咨询框。

图 5.33　Landing Page 的元素

注意　　　不同类型的 Landing Page，页面组成元素也不同，需要按照 Landing Page 的目的进行设计。

3. Landing Page 页面布局

按照三种着陆页类型，Landing Page 页面布局包括以下几个：

➤ 参考型页面布局，如图 5.34 所示。

　　◆ 一般内容模块风格一致。

　　◆ 一个内容模块展示一个卖点。

　　◆ 相对来说，内容模块较少。

　　◆ 达到的营销目的是品牌传播、理念传播、下载、参加活动等。

　　◆ 一般首屏会放置下载、参加活动等醒目按钮。

➤ 交易型页面布局（单品，非电商），如图 5.35 所示。

　　◆ 由多个内容模块组成。

　　◆ 每个内容模块有一个卖点。

　　◆ 每个内容模块展现形式多样。

　　◆ 在多个内容模块引导后是醒目的购买按钮。

　　◆ 一般首屏上会放置购买按钮。

页头	页头
高清大图（首屏）	高清大图（首屏）
卖点一	卖点一
卖点二	卖点二
卖点三	卖点三
卖点四	购 买
页尾	页尾

图 5.34　参考型 Landing Page 布局 　　　　图 5.35　交易型 Landing Page 布局

➢ 压缩型页面布局，如图 5.36 所示。

　　◆ 由多个内容模块组成。

　　◆ 每个内容模块有一个卖点。

　　◆ 每个内容模块展现形式多样。

　　◆ 页面转化元素较多，基本每个内容模块上
　　　 都可以设置咨询按钮。

　　◆ 页面上会频繁弹出咨询框。

 ## 5.4.2　Landing Page页面元素布局

1. 页头、页尾

　　普通网页和 Landing Page 网页页头和页尾的比较
如表 5-1 所示，可以清楚地看出普通网页与 Landing
Page 网页页头和页尾的区别。如图 5.37 所示，也可以
看出普通网页与 Landing Page 网页页头和页尾的区别。

图 5.36　压缩型 Landing Page 布局

表 5-1　普通网页和 Landing Page 网页页头和页尾的比较

序号	普通网页	Landing Page 网页
1	和整个网站保持一致	定制，和 Landing Page 风格保持一致
2	占网页比例稍大	占 Landing Page 比较小
3	元素多	简洁，干扰信息少
4	符合网站整体目标	符合 Landing Page 目标
5	网站整体统计信息	Landing Page 统计信息

图 5.37　普通网页与 Landing Page 网页页头和页尾的比较

只要不给用户造成视觉干扰且有利于用户转化时，Landing Page 的页头、页尾可以灵活设置。例如：

> 有的 Landing Page 页头定制，页尾和网站保持一致。

> 有的 Landing Page 没有页头、页尾或者页头、页尾和网站保持一致。

▶▶ 经验总结

定制 Landing Page 页头、页尾的建议如下：
> 去掉冗余的信息，只留下对目标用户有用的信息，如网站 Logo、回到首页等。
> 页头可以考虑放置联系电话、微博等信息。
> 页头可以考虑放置企业 / 产品获得的重大荣誉。
> 页尾最好设置统计信息。
> 使页头、页尾和 Landing Page 整体风格一致。

2. 首屏

首屏（Above the Fold）即头版，用来指 Web 网页中不用滚动屏幕所看到的信息。小米电视 Landing Page 首屏如图 5.38 所示，减肥产品 Landing Page 首屏如图 5.39 所示，华图网校 Landing Page 首屏如图 5.40 所示。

图 5.38　小米电视 Landing Page 首屏

首屏具有以下几个特点：

> 大：主题字号大，高清大图。

> 亮：首屏整体颜色鲜艳，重点文字高亮显示。

> 明确：主题明确，一眼就能看出 Landing Page 主题。

> 转化：首屏一般会放置转化元素，如下载、购买、咨询等。

图 5.39　减肥产品 Landing Page 首屏

图 5.40　华图网校 Landing Page 首屏

首屏布局要点有以下几个方面：

➢　一个页面的主题要明确，主要通过首屏来体现。

◆　小米电视：小米电视，顶配 **47** 寸 **3D** 电视，年轻人的第一台电视。

◆　减肥产品：超级 P57 减肥，绿色瘦身，防反弹。

◆　华图网校：名师解读，新大纲直播系列讲座。

➢　高清大图一定要衬托主题。

◆　小米电视：电视、电视屏幕里的高清画面。

◆　减肥产品：代言人李湘、减肥产品、产品有效成分仙人掌、相关产品视频。

◆　华图网校：名师、时间。

➢　颜色鲜艳，可比页面其他部分颜色稍深。

◆　小米电视：红色背景，奠定整个页面的红色主色调。

◆　减肥产品：绿色背景，奠定整个页面的绿色主色调。

◆　华图网校：红色为主色，奠定整个页面的红色主色调。

➤ 转化元素可放在首屏，如下载、咨询电话、购买等。

◆ 小米电视：价格、购买按钮。

◆ 减肥产品：购买链接。

◆ 华图网校：咨询电话。

3. 导航条

导航条是网页设计中不可缺少的部分，是指通过一定的技术手段为网站的访问者提供一定的途径，使其可以方便地访问到所需的内容，是人们浏览网站时可以快速从一个页面转到另一个页面的快速通道。

（1）导航条类型。

当 Landing Page 很长时，可以通过导航条进行内容版块定位，增强用户体验。Landing Page 的特点是所有内容在一个页面上呈现，很少有链接跳转。Landing Page 的导航条是锚点，指向同一个页面内的不同内容区。Landing Page 导航按照呈现的样式分为以下两种：

➤ 横向导航：固定在页头或首屏区域的导航，导航栏目横向排布。

➤ 竖直导航：随着页面滚动而滚动的导航，导航栏目竖直排布。

（2）导航条布局要点。

➤ 可以根据 Landing Page 页面的长短和内容模块的清晰度灵活设置。

◆ 同时设置竖直导航和横向导航。

◆ 不需要导航。

◆ 只设置其中一种导航。

➤ 导航条组合元素。

◆ 咨询按钮：如果 Landing Page 有在线咨询功能，则可以和竖直导航组合在一起。

◆ 返回顶部按钮：为增强用户体验，可以一键返回顶部。

➤ 导航条位置。

◆ 竖直导航条：一般在右边（大多数人是右手操作鼠标，因此放在右边符合人体工程学特点）。

◆ 横向导航条：一般在首屏。可以在页头上，也可以在首屏焦点图的下面。

注意　　上面这些要点并不是绝对的，布局和设计讲究用户体验和创新，你可以把横向导航条放在页面底部或者顶部浮动显示。

4. 内容区

（1）内容模块间的布局。

1）规则堆砌各内容模块。

➤ 对用户来说思路清晰，容易看明白。

➤ 整体看容易找到重点。

- 不同内容版块间可通过导航引导。
- 适合单个产品 / 服务的介绍。
- 适合多个产品 / 服务的介绍，如电商 Landing Page 按品类分类，每个分类下规则排布。

2）不规则堆砌各内容模块。

- 设置灵活，效果多样。
- 适合页面比较短的 Landing Page，这类布局相对来说使用比较少。

▶ 经验总结

区块之间可以通过留白、区块颜色、大号区块标题等进行区隔。

（2）内容模块内的内容表现形式。

1）文字：为描述卖点，和图片相互呼应。

- 主题口号（首屏上）：大字号、粗体、艺术字、鲜艳、和周围色差大。
- 每个卖点标题：在整个页面中醒目，一眼能看出这个卖点的内容是相呼应的。
- 内容模块中描述卖点的文字：要点加粗、标红（其他色）、分层明显、错落有致。

 注意　文字排布时注意间距和留白，体现美感。

2）图：为衬托卖点、说明文字。

- 头图：衬托主题口号，符合产品 / 服务的品质。
- 产品图：高清、大图、最好为白色或纯色背景。
- 背景图：可以是图，和主题相关的也可以是纯色、渐变色等主色调。
- 内容配图：注重从文字的语义、意境、联想等进行配置。例如，描述某个培训行业上课地点任你选，可以配上中国地图并进行标记设置。
- 图标：拟物化，看图表就知道要表达什么内容，整体色调相融。

3）表：主要用来描述结构化的信息。

- 数据列表：字体和间距比正常的数据列表大，如图 5.41 所示。

课程名称	课时	学费	购买入口	详情
新大纲申论能力提高课程	6天+2（51课时）	1980元	线上报名 线上支付，安全快捷	查看详情
新大纲一对一申论写作速成课程	3小时	1440元	线上报名 线上支付，安全快捷	查看详情
新大纲行测押题课程	4天（34课时）	2380元	线上报名 线上支付，安全快捷	查看详情
新大纲高分突破课程	18天（154课时）	点击查看	线上报名 线上支付，安全快捷	查看详情
封闭预测课程	7天7晚	5280元	线上报名 线上支付，安全快捷	查看详情
一年通过协议课程	一年协议内课时不限	21800元	线上报名 线上支付，安全快捷	查看详情
全程协议课程	288+7天7晚*2	18800元	线上报名 线上支付，安全快捷	查看详情

图 5.41　数据列表

➤ 产品列表：整齐排布，层次分明，重点突出，如图 5.42 所示。

图 5.42　产品列表

➤ 产品规格表：整齐排布，错落有致，便于观看，如图 5.43 所示。

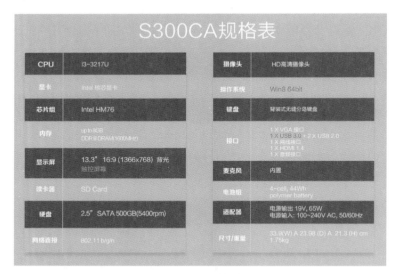

图 5.43　产品规格表

4）表单：主要用于获取用户信息。

获取的用户信息一定要简单，如姓名、性别、手机号即可，否则会引起用户反感，降低获得用户信息成功的概率。为了提高转化，可以增加一些刺激手段来获得用户信息，如通过提交信息免费获得价值 ×××元的资料 / 礼品，或者通过提交信息免费获得试听的课程等，如图 5.44 所示。

图 5.44 表单

表单位置：按照需要进行设置。

➢ 一般位于页面中下部。

➢ 可以位于首屏。

➢ 可以悬浮在计算机屏幕下方。

▶ **经验总结**

如果 Landing Page 的目的是获取用户信息，则可以在多个地方放置相同的表单。

5）按钮：单击进行下一步操作，如购买、咨询、下载、抽奖等，如图 5.45 所示。

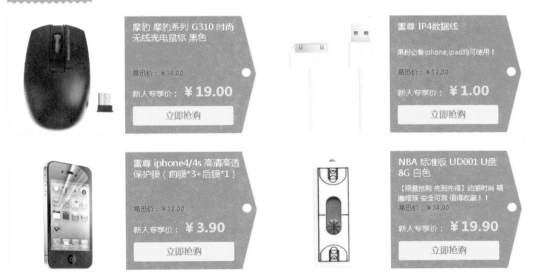

图 5.45　立即购买按钮

➢ 购买／咨询等按钮多处出现，如首屏、页头，在每个卖点后出现，悬浮在屏幕下面或右侧一致出现。

➢ 购买／咨询等按钮要醒目，按钮相对较大且颜色鲜艳，和周围色调反差大。

6）电话：在线咨询外的另一种咨询方式，如图 5.46 所示。

图 5.46　咨询热线

> 电话和购买/咨询等按钮一样，需要多处出现。
> 电话和购买/咨询等按钮一样，要醒目。
> 电话常和咨询或购买按钮组合出现。

▶▶ 经验总结

电话推荐使用 400 电话，更显专业。

（3）内容对比。

在内容模块中，很多内容通过对比形式体现卖点。

> 横向对比：同类产品优劣对比。
> 纵向对比：不同产品特性对比。

（4）视频/Flash。

视频/Flash 也是很好的内容表现形式，能有力地说明主题和卖点，如产品广告可以放入页面中。

5. 咨询框

咨询框（咨询框类型维度）包括以下几个：

> 悬浮咨询框（如图 5.47 所示）：悬停在右上角或左上角，单击弹出对话框，主要应用于销售型 Landing Page 中，主要转化是购买，购买前可以进行咨询。
> 弹出咨询框（如图 5.48 所示）：在页面刷新或指定时间周期内弹出，悬浮在屏幕正中央。不需要单击就会自动弹出。主要应用于医疗、教育培训等需要深度咨询的 Landing Page 或者获得用户信息进行二次销售或直销的 Landing Page 中。
> 内容区咨询按钮（如图 5.49 所示）：固定在内容模块内，单击弹出对话框，应用范围同弹出咨询框，常和弹出咨询框组合使用。

图 5.47　悬浮咨询框

图 5.48　弹出咨询框

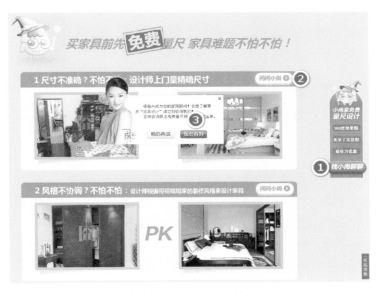

图 5.49　内容区咨询按钮

经验总结

➢ 三种类型的咨询框可按照 Landing Page 的目的灵活组合使用。
➢ 咨询框符合 Landing Page 整体风格。
➢ 咨询框包含一些品牌和转化信息。

5.4.3 Landing Page页面颜色配置

1. 按照公司品牌主色调配置 Landing Page 主色调

➢ 京东品牌主色调:鲜红色,京东 Landing Page 主色调多为红色。
➢ 天猫品牌主色调:深红色,天猫 Landing Page 主色调多为红色。
➢ 易讯品牌主色调:蓝色,易讯 Landing Page 主色调多为蓝色。
➢ 微软品牌主色调:商务蓝色,微软中国 Landing Page 主色调多为商务蓝色。

▶▶ 经验总结

  Landing Page 主色调可以从多个维度确定,品牌主色调只是其一,所以我们会看到很多品牌的 Landing Page 主色调和品牌主色调并不一致,这是正常的。

2. 按照产品 / 服务特性配置 Landing Page 主色调

每个颜色都有不同的含义,可以根据不同的颜色含义来选择主色调。
➢ 红色:热烈、喜庆、激情等。
➢ 橙色:温暖、友好、财富等。
➢ 黄色:艳丽、单纯、光明、温和、活泼等。
➢ 绿色:生命、安全、年轻、平和、新鲜等。
➢ 蓝色:整洁、沉静、冷峻、稳定、忠诚等。
➢ 紫色:浪漫、优雅、神秘、高贵、妖艳等。
➢ 白色:纯洁、神圣、干净、高雅、单调等。
➢ 灰色:平凡、随意、宽容、苍老、冷漠等。
➢ 黑色:正统、严肃、精致等。

如果是公务员培训,主色调可以选择红色,公务员也称红领,为国家公职人员,红色的含义和公务员培训符合,如图 5.50 所示。

如果是减肥产品,主色调可以选择绿色,减肥产品讲究安全、健康、不反弹等,绿色的含义和产品特性符合,如图 5.51 所示。

如果是奢侈品,主色调可以选择金色、黑色、紫色,奢侈品给人的感觉是高贵、精致、典雅等,而金色、黑色、紫色比较适合这类产品的气质,如图 5.52 所示。

图 5.50　华图教育的 Landing Page

图 5.51　减肥产品的 Landing Page

图 5.52　奢侈品的 Landing Page

3. 按照用户群体配置 Landing Page 颜色

不同的用户群体可能对颜色的喜好不同,可以从社会身份看用户群体、从年龄看用户群体、从性别看用户群体。配置 Landing Page 颜色时也可以针对用户群体来进行考虑。

4. 按照模块具体内容配置 Landing Page 颜色

(1)按照内容意境配置颜色。

例如,内容为"诚信商家,品质保障",需要配置金色,如图 5.53 所示。

图 5.53 "诚信商家,品质保障"

(2)按照内容重要性配置颜色。

需要强调的内容可以使用深色,购买、咨询等转化元素要用醒目的和周围颜色形成强烈对比的颜色标识,如图 5.54 所示。

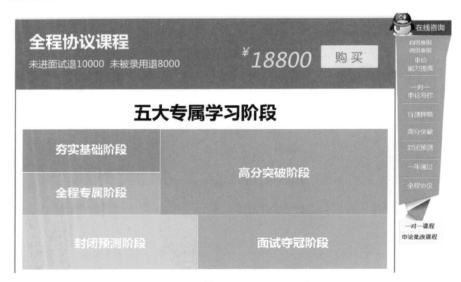

图 5.54 黄色购买按钮与周围颜色形成强烈对比

5.5 返利网 Landing Page 的分析与优化

5.5.1 案例描述

返利网 Landing Page 页面中共有 8 处不同的信息源，传递给用户不同的功能需求，如图 5.55 所示。

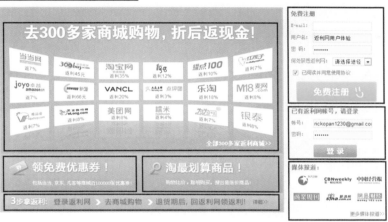

图 5.55 返利网的 Landing Page

热力图分布颜色越红关注（点击）率越高，热力图分布如图 5.56 所示。

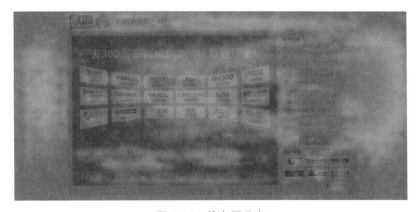

图 5.56 热力图分布

5.5.2 案例分析

通过热力图分析一周的点击分布比例，如图 5.57 所示。

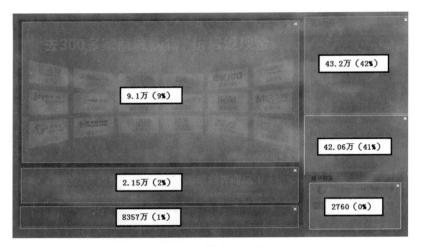

图 5.57　热力图分析

1. 页面各版块点击占比

从图 5.57 中可以看出，42% 的用户关注注册区域，其中 6% 关注注册按钮；41% 的用户关注登录区域，其中 6% 关注登录按钮；左侧三块区域相加被 12% 的用户关注。这说明来到这个页面的用户的"注册 / 登录"欲望是很强烈的。注册用户比率还高一点。虽然存在大面积的左侧诱导区域，但还是保持 83% 的右侧关注率。仅从数值来看，左侧的诱惑还不够。

建议调换左右结构，让 80% 的用户快速在左侧栏完成注册登录的操作。

2. 注册、登录模块优化

返利网的注册、登录模块如图 5.58 所示，其存在以下问题：

- ➢ 注册表单和登录表单视觉上没有间隔，容易使上下文混乱。
- ➢ Landing Page 页面讲究快速导流到网站，"何处获悉返利网："等非必要信息可以先不让用户填写。
- ➢ "账号"和"用户名"的说法应统一，否则会让用户混淆。
- ➢ 返利网传统的注册按钮是绿色的，并不是橘黄色的，而且"免费注册"按钮右边的图形看不清楚。
- ➢ 注册区和登录区的"用户名"和"账号"输入框出现了两个不同的 cooikes 提示返利网用户体验和 emailrickopan1230@gmail.com。

图 5.58　返利网的注册、登录模块

建议：重新调整注册、登录的版式，注册、登录两个区块应有视觉区分，按钮可以变色，但是要统一大小和设计样式（描边等），去除影响快速注册的项目，技术检查 cooikes 情况。

 注意 cooikes 是指某些网站为了辨别用户身份、进行 session 跟踪而存储在用户本地终端上的数据（通常经过加密），主要用途是服务器可以利用 cooikes 包含信息的任意性地来筛选并经常性维护这些信息，以判断在 http 传输中的状态。

3. 焦点图区优化

焦点图为中间最大的区域，从热力图来看，各个 Logo 被展示和点击的次数还是很多的。但是从用户体验上看，因为此处是纯静态图片，所以没有办法及时更新"新品牌"和"新折扣返利"，导致内容滞后。

建议：修改为可以"手动更新"的位置。

4. 领优惠券模块优化

企业失去了 2.15 万的点击数量。此处图片其实并不可点，用户上当了。

建议：马上加上链接，联入首页或者选择更好的联入页面。

5.6 返利模块优化

同样问题出现在返利步骤。虽然有"详细"按钮，但是太小。另外，前三个步骤文字为绿色，与该网站颜色相同，容易误导用户，造成点击失败。

建议：前三个步骤加上响应热区链接，联入相关页面，满足用户的点击需求。

媒体报道区域占 7 天总点击率的 0%，被关注率严重不够。

如果必须保留这个区域，建议调整如下：把 Logo 组变成一块让用户知晓的明确信息，例如：

➢ 北京青年周刊 2011 年 8 月 25 日，电子商务新模式受资本追捧，返利网成功获得千万美元融资。

➢ 北京青年报 2011 年 8 月 17 日，返利网模式走俏资本市场，成功完成千万美元融资。

➢ 21 世纪经济报道 2011 年 8 月 1 日，返利网是 B2C 的另一条道路。

➢ 新华网 2011 年 7 月 27 日，IT 频道消费导购网站返利网成功融资千万美元。

5.7 Apple Watch Landing Page 的设计分析

为苹果手表设计 Landing Page，完成效果如图 5.59 所示。

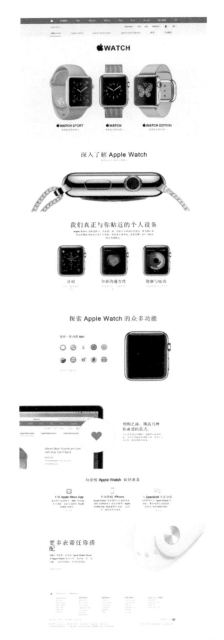

图 5.59　Apple Watch Landing Page 完成效果

5.7.1　需求说明

　　结合网站(苹果官网)和产品(苹果手表)的定位,为苹果手表设计制作 Landing Page 页面。

　　设计需要体现该页面的核心目的、明确目标人群、体现卖点和主题。

5.7.2 实现流程

苹果手表 Landing Page 的实现流程主要分为四大部分：整体视觉、文案排版、图片使用、超长页面排版，如图 5.60 所示。

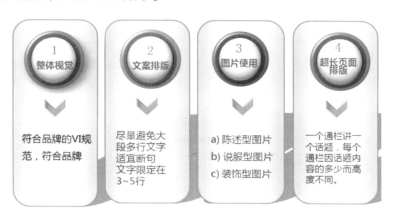

图 5.60 苹果手表 Landing Page 的实现流程

▶ 经验总结

➢ 市场调研可以从以下几个方面入手：该产品的核心优势是什么？给用户创造的价值有哪些？该产品的主要竞争对象是什么？它们分别有什么优势？它们的主要传播手段、核心卖点都有哪些？

➢ 信息架构：规划每一屏所需要展示的内容，对于设计师来说包括内容、视觉、交互等。

5.7.3 苹果Landing Page分析

苹果手表 Landing Page 的完成效果如图 5.61 所示。

▶ 思考

苹果手表 Landing Page 是如何体现其作为 Landing Page 的优势的？

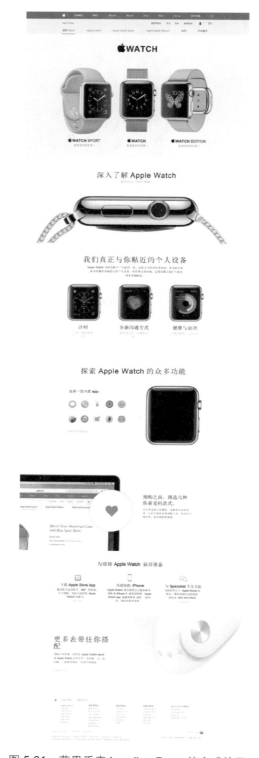

图 5.61　苹果手表 Landing Page 的完成效果

本 章 总 结

通过对本章的学习，相信大家已经了解了 Landing Page 的相关概念、类型，掌握了 Landing Page 的设计方法和优化方法等内容。但是在 Landing Page 的设计过程中，要时刻和市场营销人员沟通，了解更多关于产品、市场、竞争对手的信息，这样才能更好地设计出符合主题的 Landing Page 页面。

学习笔记

第 6 章

英雄联盟——游戏类网站改版设计

● 本章目标

完成本章内容以后，您将：

▶ 了解游戏类网站改版的好处。

▶ 了解游戏类网站改版的分析方法。

▶ 掌握游戏类网站改版的设计方法。

● 本章素材下载

▶ 请访问课工场UI/UE学院：kgc.cn/uiue
（教材版块）下载本章需要的案例素材。

┇┇ 本章简介

当网站运营一段时间后效果不佳,希望获得更好效果时;或者网站运营到新阶段,需要调整战略目标时,不妨对网站进行重新规划改版设计。有时只是进行一些看似微小的改进,只要真正体现出营销型企业网站的基本特点,往往就可以取得明显的效果。本章将通过对英雄联盟游戏官网(完成效果如图 6.1 所示)的改版来介绍网站改版的流程和技巧。

图 6.1　英雄联盟游戏改版后的效果

6.1　英雄联盟——游戏类网站改版项目背景

参考视频
游戏类网站改版设计(1)

《英雄联盟》(LOL)是目前全球最火的大型 MOBA 类网游,自 2011 年 LOL 游戏公测至今,已经积累了一定量的用户,据不完全统计,中国大陆地区同时在线人数超过 300 万人。从 2010 年中文官方网站上线至今,在游戏的不同阶段,LOL 官网也有相对应阶段的改版,但都是为了配合前期的市场推广和游戏的风格营造,结合游戏本身的重色系和重 UI 来设计官网,对早期的 LOL 进行市场风格定位。作为已经公测几年的成熟产品,结合 LOL 目前的市场时期和定位,需要对 LOL 进行一次较为针对的改版,将版面的重心转移到给玩家大量地推送有效信息上。

6.2　网站改版的好处及注意事项

参考视频
游戏类网站改版设计（2）

网站改版前需要对原网站进行分析诊断、网站整体规划，找出已有网站存在的问题及相对应的解决方法，同时要有优化的概念，而不是盲目地重新建设新的网站。

 6.2.1　网站改版的好处

网站改版必然给企业带来一个全新的改变，如图 6.2 所示为某企业改版前的效果，如图 6.3 所示为某企业改版后的对比效果，那么网站的改版会带给企业什么好处呢？

图 6.2　网站改版前的效果

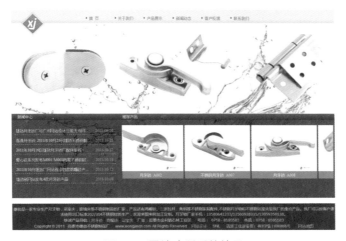

图 6.3　网站改版后的效果

英雄联盟——游戏类网站改版设计

第6章

141

（1）摆脱以往陈旧的传统网站模式，展示新的企业形象。

（2）以全新面貌展示在客户面前，提升竞争力。

（3）提升用户体验，增加互动模块，主动联系正在访问网站的潜在客户。

（4）自定义各频道、各栏目、每个单页 Meta 标签，提高百度快照排名。

（5）增加"常见疑问解答"栏目，向客户提供完善的售前、售后服务。

（6）智能后台管理系统，会上网就能管理网站。

（7）采用"动态写入，静态读取"技术，提高百度自然排名。

 ## 6.2.2 网站改版的注意事项

网站改版是为了更大限度地满足用户需求和商业需求。为了使网站改版更加顺利，在改版前需要注意以下几点：

（1）充分的需求调查。

采用用户调查、数据挖掘等方式收集用户对功能的需求，同时和管理层确认有关公司整体发展的改版需求，并把各方面的改版需求汇总整理，供改版时使用。完善的需求调查对网站改版有着极为重要的意义。

➢ 使产品团队在进行产品设计和开发时有据可依。

➢ 减少由于需求变更带来的时间和用户损失。

（2）尽量不改变用户习惯。

用户的好恶是检验网站改版是否成功的一个重要标准。网站改版的过程中，一些受到好评的功能如果与商业利益或者高层意志相左，最好能够保全用户原有的使用习惯，能不改尽量不改，否则用户将花费大量的时间去适应新的习惯，影响网站改版效果；如果有非改不可的理由，应在第一时间给出明确的指引和帮助。

（3）结构改版循序渐进。

网站改版尽量做到循序渐进，如果需要改 5 个频道，那就一个一个频道地改；如果需要改 10 个功能，那就一个一个功能地改；在改版之前应该先让用户知道哪些功能会改、改成什么样、改过之后有什么好处；给用户一段时间让用户学习和适应新功能。

如果要彻底改版，往往会导致用户大量流失，培养的用户可能会因为冒进的改版而失去。网站越大，损失越重。

注意　有时候网站改版会外包给第三方公司，这种情况基本上是在一个时间点整站都改。

如果网站规格本身并不复杂、不很大，整站调整也很常见。

6.3　英雄联盟——游戏类网站改版项目分析

随着互联网不断发展以及用户需求不断变化，网站需要不断地更新迭代来满足用户需求的变化。网站在改版时既要对客户提出的需求文档进行分析，还要对既有网站进行综合评估，找出已有网站存在的问题及相对应的解决方法。

6.3.1　风格定位

从客户提供的需求和调研分析可以得出，大众网游用户中喜好竞技的群体是该游戏的主力，他们多数是通过非常庞大的社交网络得知 LOL 的口碑从而转化为玩家的；而作为一个成熟的游戏产品，LOL 目前的定位不再是通过官网进行市场推广和对游戏的风格营造，而是需要把大量的游戏信息、游戏攻略、游戏视频、游戏活动等内容推送给玩家，这些是目前这个阶段玩家更为关注的。在传递信息的同时，为了降低用户在阅读信息时因其他元素对其造成过多的影响，在官网设计当中首屏仍然保留游戏官网常见的重色调，加入更华丽的高亮色调、荧光色和最流行的眩光素材，提升网站的视觉冲击力；第二屏以下采用浅色调，削弱重质感和降低画面的重色，使网站内容更容易阅读。

此次改版的初步方向如图 6.4 所示。

图 6.4　网站改版的初步方向

6.3.2　对老官网进行分析

从 LOL 的游戏界面（如图 6.5 所示）和游戏原画（如图 6.6 所示）等素材来看，其定位都属于暗黑、魔幻、重质感类的游戏，而且以往的几次改版都是结合游戏本身的重色系和重 UI 来设计的。老官网引导页效果如图 6.7 所示。

图 6.5　旧版游戏 UI（游戏界面）

图 6.6　游戏原画

图 6.7　老官网引导页效果

通过对老官网布局（如图 6.8 所示）和热区图（如图 6.9 所示）进行分析得出以下结论：

（1）免费英雄：点击量明显高于周围区块。这个区块出现在老官网不起眼的位置，甚至低于二屏的位置，所以这次改版需要提前并安放在更合理的位置。

（2）网站导航：玩家在游戏资料、新手引导、下载游戏、视频专区以及长期活动和功能页面的点击率最高。此次改版需要对网站的导航进行内容梳理，从而让网站整体的导航架构清晰明了。

（3）游戏新闻：用户仅针对前面 3 ~ 4 条的新闻感兴趣，出现这个现象是因为新闻条数过多还是因为显示新闻摘要导致区块过长而造成阅读压力？要解决这个问题需要在后期新官网上线后再进行数据的对比来实现。

（4）轮播广告：会随着游戏活动出现点击量暴增的现象（老官网翻卡牌和砸雪球等活动，轮播区块因展示了这些热门活动的广告，出现了点击量猛增的情况），因此可以看出，玩家对活动的关注可以有效地通过轮播这个区块传播出去，轮播区块也需要一个更好且合理的位置。

（5）长期活动、功能入口：目前承载着游戏的功能入口（如声望系统）和长期活动入口（如入驻校园活动），点击排行分别是点亮图标和声望系统，然后是高校排行。本次改版也需要对其位置进行重新调整。

（6）游戏下载按钮：游戏下载按钮是获得一款游戏客户端最重要的核心按钮，但通过数据查看，官网首页的点击量却不是那么高。不过通过查找原因可以大致得出：大部分点击量通过引导页分流了，大部分通过引导页的下载游戏按钮下载游戏；另一部分通过官网首页导航的"游戏下载"链接进行下载。因此，此次改版官网首页的下载游戏按钮必须出现在明显的区域来引导用户下载。

（7）其他：如赛事专区、战争学院、合作媒体、SOSO问题、帮助专区也需要在此次改版中通过权重大小进行区块的划分。

图 6.8　老官网布局

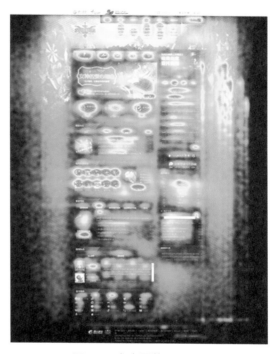

图 6.9　老官网热区图

6.3.3　对新游戏UI进行分析

　　分析了 LOL 的新 UI，发现在 LOL 第三赛季推出的同时美国某公司对 LOL 游戏整体 UI 和游戏风格进行了一次重新定义，整体风格设计有较大的改变，主要色彩从原来的蓝色调变成了绿色调，UI 质感也变得更为细腻，从设计风格可以看出有高贵、华丽、魔幻、神秘的风格，整体设计更个性，更有辨识度。如图 6.10 所示为游戏商店新 UI，如图 6.11 所示为游戏按钮新 UI，如图 6.12 所示为游戏操作界面新 UI。

图 6.10　游戏商店新 UI——绿色为主色调

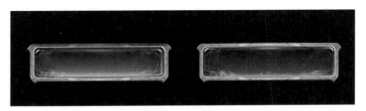

图 6.11　游戏按钮新 UI

图 6.12　游戏操作界面新 UI

6.4　英雄联盟——游戏类网站改版项目设计规划

 ### 6.4.1　布局规划

经过项目改版分析以后，再和项目组进行沟通对区块进行优化，分清主次；对内容进行从上到下的重要层级划分，最终得出新版官网规划稿，如图 6.13 所示。另外，本次改版新增了用户登录系统，用户能够登录《英雄联盟》网站，并直接拉取游戏内的数据在官网的个人信息区块显示，如点券、金币、胜场数等，还可以在玩家之间进行好友评价、战绩对比，目的是增加用户对官网的黏性，提高网站的社交性，使官网和游戏的联系性更大，从根本上改变官网只是花瓶的说法。新增功能有个人中心、新闻评论、游戏资料、战争学院。

注意

➢ 个人中心：玩家能够在官网登录自己的游戏账号，登录后可以查看游戏综合数据、历史战绩、账户信息、排位等级、擅长英雄、好友印象等，还能查看好友战绩，并且和好友进行战绩对比。

➢ 新闻评论：玩家能够对官网发布的消息进行讨论，增加了玩家和官方的沟通，活跃了整个网站的氛围。

➢ 游戏资料：玩家能够在官网查看所有英雄的详细数据，以及物品数据、召唤师技能介绍、符文模拟器和天赋模拟器等。

➢ 战争学院：玩家可以通过文字攻略和视频攻略查看自己喜欢的英雄。

图 6.13　新版官网规划稿

6.4.2　色调规划

　　经过分析得出，LOL 目前所处的阶段更偏向于信息的传播，所以采用轻重结合的浅色调来设计，使用头部的质感和重色来延续 LOL 以往的风格，再配合内容区块的浅色内容来传播信息，如图 6.14 所示。老官网为了培养用户对该游戏风格的认识，使用了贴近游戏的重质感设计，经过一段时间的运营，游戏积累的信息会很多，游戏攻略、新闻公告、活动推广等数不胜数。因而在改版时，需要一个轻质感的设计，提升新官网信息阅读的体验感；一些轻质感甚至能够直接用网页代码写出，而不需要使用图片，也使得用户载入网站的速度更加快速，减少服务器压力。

图 6.14　新官网色调比例规划

　　新官网保留了老官网的深蓝色调作为重色主基调，同时提取 LOL 新游戏 UI 中的橙红色和青绿色，配合内容区块的浅灰色来进行新官网的整体色调铺展，再提取新 UI 内的游戏花纹予以辅助设计，主要色彩如图 6.15 所示。

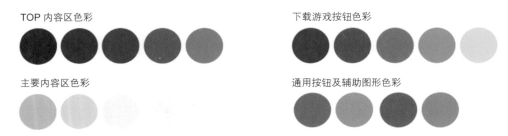

TOP 内容区色彩　　　　　　　　　　下载游戏按钮色彩

主要内容区色彩　　　　　　　　　　通用按钮及辅助图形色彩

图 6.15　新官网主要色彩

6.5　英雄联盟——游戏类网站改版项目首页视觉设计

　　网站改版的最终效果如图 6.16 所示。

▶ 思考

项目的实现思路是怎样的？（可参照第2章联想官网的项目实现思路）

图 6.16　LOL 新官网效果

本 章 总 结

　　对网站进行改版并不像听起来那么简单。LOL《英雄联盟》官网的这次改版整体来说是成功的，内容方面，通过对信息进行优先级别的排列能够更好地让用户阅读信息；视觉设计方面，首屏的重色配合内容部分的轻质感设计有效地减少了页面的图片体积，更加便于阅读，减轻大片文字对用户产生的阅读压力，对网站的整体性能有所提高。这些都归功于设计前的准备工作（需求分析、设计规划），只有准备充分了才能在改版过程中得心应手，顺利达到客户的最终要求。

学习笔记

第**7**章

我秀网"开学季"
专题页视觉设计

● 本章目标

完成本章内容以后，您将：

▶ 掌握专题页界面设计相关理论。

▶ 了解专题页界面设计项目需求分析方法。

▶ 了解专题页界面设计项目设计规划。

▶ 掌握专题页界面设计项目实现思路。

● 本章素材下载

▶ 请访问课工场UI/UE学院：kgc.cn/uiue
　（教材版块）下载本章需要的案例素材。

⸙ 本章简介

网站的专题页界面设计是网页 UI 设计师的必修课，也是基本功。所需要的设计理论都是最基本也是最重要的。本章将以我秀网"开学季"专题活动页设计为案例，分析讲解如何设计出整体效果和谐、使用户印象深刻的专题活动页，完成效果如图 7.1 所示。

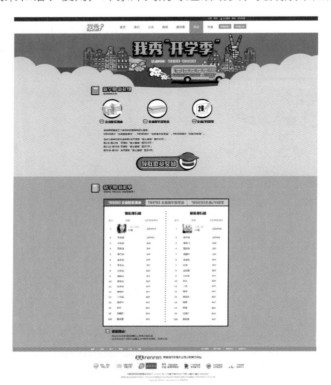

图 7.1　我秀网"开学季"专题活动页

7.1　我秀网"开学季"专题页视觉设计项目需求

7.1.1　项目名称

项目名称为我秀网"开学季"专题活动页。

7.1.2　项目背景

"我秀网"是一家新锐的开放、免费的网络视频直播平台。主播利用视频方式进行网上现场直播，可以将才艺展示、交友聊天、互动游戏发布在直播间。同时粉丝可进行虚拟礼物的购买和赠送,并通过文字聊天、观看视频、点歌等互动方式与主播加深交流。9月,"我秀网"需要通过主题活动来促进用户购买礼物送给主播,以达到企业盈利的目的。由于9月节日比较少,如教师节、毛泽东逝世纪念日、孔子诞辰纪念日等这些都不适合"我秀网"的企业定位,因此需要设计出一个节日活动来促进用户购买新的礼物。通过新礼物的发行、购买榜单的设置促进用户的购买力,来拉动内需。

根据"我秀网"的企业定位(秀场)和所针对的用户群(18～40岁的网民)以及9月大、中、小学开学,市场部拟推出"开学季"活动,并提供三种新的活动礼物(全新整套课本、全新豪华铅笔盒、全新2B铅笔盒),供用户购买并赠送给喜欢的主播。

 7.1.3 项目功能要求

1. 整体要求

➢ 年轻,颜色鲜艳,有活力,突出主题。

➢ 时间比较紧张,拟定三天内完成。

通常界面效果图完成后需要交付市场部和产品部领导审核,在设计时需要留出修改的时间。如果市场给出三天时间,实际给出设计的时间只有两天或者更短。

2. 活动网页模块

➢ 头图(标题:"我秀"开学季,活动时间:9月8日至9月10日)。

➢ 三种新礼物:全新整套课本、全新豪华铅笔盒、全新2B铅笔盒。

➢ 礼物领取条件:9月10日当天推出三款活动礼物的收礼排行榜和送礼排行榜:各榜单第1名,可领取"博士勋章"显示30天;第2名至第10名,可领取"博士勋章"显示15天;第11名至第50名,可领取"博士勋章"显示7天;第50名至第100名,可领取"博士勋章"显示3天。

➢ 领取按钮:领取徽章奖励。

➢ 三种礼物的榜单:新学期新榜单。收礼排行榜、送礼排行榜、第一名显示头像、名次、主播/富豪、送礼/收礼数量。

➢ 温馨提示:刷出礼物请等候5分钟以上榜单才会生效;活动奖励将于9月12日晚上24:00之前领取,逾期作废;活动最终解释权归本站所有。

该项目为市场部自创活动"开学季",产品部整理项目需求,通过在线聊天方式发给设计师。

参考视频
专题页视觉设计（2）

7.2　专题页视觉设计相关理论

专题页是对专一产品或活动的内容集中收集的主题页面，如图 7.2 所示为乐蜂网桃花节专题活动页。专题只是一个页面，通常与整站的页面风格不同，专题页主题鲜明、目的明确、时效性强、更新快，可单独进行推广，在短时期内聚集起用户群。

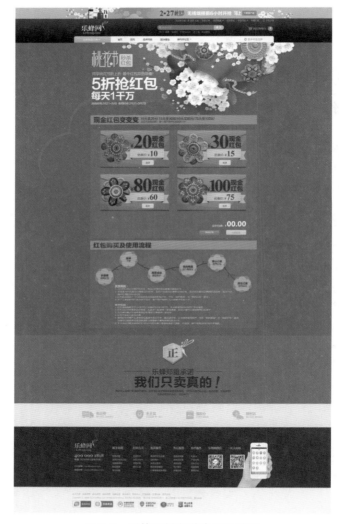

图 7.2　乐蜂网桃花节专题活动页

 ### 7.2.1　专题页和传统产品页面的视觉差异

由于专题页时效性强，多为活动推广和吸引用户等内容，需要强有力的视觉效果和有趣的浏览体验来达到吸引用户的目的，用抢眼的视觉吸引用户并留下深刻印象是专题设计的首要特点。如图 7.3 所示，专题页面突出视觉效果，华丽丰富；如图 7.4 所示，传统页面简洁，注重功能和图标等的视觉设计。

图 7.3　专题活动页

图 7.4　传统页

7.2.2　专题页的结构

大多数专题页的结构可以分为头图部分和内容部分，如图 7.5 所示。传统的专题一般只有一个主页面，复杂的专题则由若干二级页面组成，视专题的规模而定。

图 7.5　专题页的组成

1. 头图部分

头图部分的设计是整个专题的重点，也是专题最需要突出的亮点，头图可以确立整个专题的基调。优秀的头图是整个专题页的灵魂，紧贴专题内容，美观，吸引用户停留。

头图的设计类似于一个更大的 banner，但也有着很多的不同。它需要考虑如何巧妙地与下面的内容衔接，而且尺寸更大、细节更多，构图可以变化。如果只是千篇一律地采用规则的构图，会让专题显得单调、呆板，视觉效果不好。

头图的设计风格大致可以分为写实风格（如图 7.6 所示）、卡通风格（如图 7.7 所示）、大标题风格（如图 7.8 所示）。

图 7.6　写实风格头图

图 7.7　卡通风格头图

图 7.8　大标题风格头图

经验总结

> ➢ 设计头图首先要考虑的是头图的设计风格，根据不同的题材选择不同风格的视觉设计。可以先在纸上或者头脑中勾勒一个大概，若专题没有具象的视觉元素，则从专题的文字入手，将一些与专题相关的元素先拼凑在画布上，然后尝试各种组合，就能很快找到头图的灵感。
>
> ➢ 这些页面尺寸不是绝对的，可以根据实际情况进行适当调节，随着时间的推移、浏览器的发展，屏幕宽度和高度也随之变化。

2.　内容部分

专题页内容区的表现形式多样，在设计的时候最重要的是注意与头图的衔接，可以继承头图中的视觉元素设计出不同的样式，与专题整体的视觉元素进行有机结合可以让内容区的展现更加生动。如图 7.9 所示，纸盒和丝带托起头图，本身也成为内容的背景。

图 7.9　纸盒和丝带托起头图

经验总结

> ➤ 内容区的设计要遵循内容清晰、布局合理的原则,在对一些特色模块(如抽奖等)进行设计时,可以做一些特殊的修饰,以强调突出该内容。
>
> ➤ 通常二级页面的头图都是复用网站主页,但要适当地为每个页面增加视觉元素予以一定的区别。要注意的是增加的样式不宜过繁,因为头图的存在会显得凌乱。如果需要打造系列专题,就要注意规划设计复用元素,如相同的 Logo 标题和为强调系列感的统一视觉风格,以此强化用户对系列专题的印象和认知。

7.2.3 专题页的组成

通常专题页由活动标题、推广时间、活动参与入口、奖品设置 / 商品展示、活动规则、排名 / 获奖信息、分享到第三方、版权信息几部分组成,如图 7.10 所示。

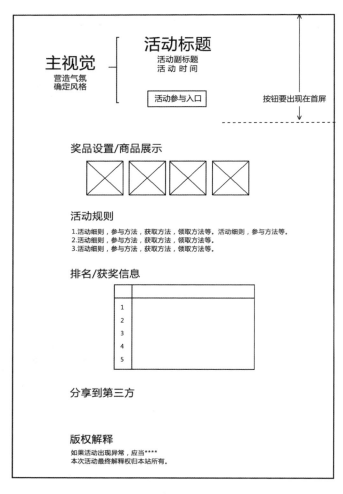

图 7.10　专题页的组成

7.3 我秀网"开学季"专题页视觉设计项目需求分析

7.3.1 竞争对手分析

和我秀网一样做视频秀场的主要有呱呱视频、新浪秀场和六间房这三家互联网公司。

（1）呱呱视频。呱呱视频是呱呱视频演艺社区和呱呱视频财经社区携手"腾讯QQ"和"光线传媒"两大投资商打造的"网台互动"新模式，是一个"在线演艺新视界 全民娱乐新舞台"。呱呱视频的专题活动页如图7.11所示。

图 7.11　呱呱视频的专题活动页

（2）新浪秀场。新浪秀场是新浪旗下的网站，是一个开放、自由、免费的网络直播平台。新浪秀场的专题活动页如图 7.12 所示。

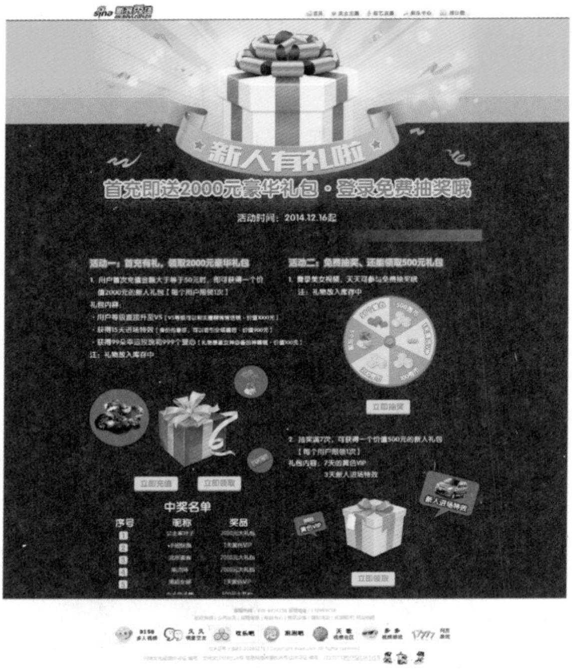

图 7.12　新浪秀场的专题活动页

（3）六间房。六间房是中国最大的真人互动视频直播社区，是秀场视频直播间，支持数万人同时在线视频聊天、在线 K 歌跳舞、视频交友。六间房的专题活动页如图 7.13 所示。

图 7.13　六间房的专题活动页

它们的专题页设计都具有以下特点：头图视觉冲击力强，颜色艳丽；排行榜多以表单形式体现；图示化强，流程简单。

7.3.2 用户分析

主播：以年轻女性为主，活泼、俏皮。
针对用户：18 ~ 40 岁的网民居多。

7.4 我秀网"开学季"专题页视觉设计项目设计规划

7.4.1 界面整体结构

头部与官网保持一致，采用大标题风格，明确主题。确保领取的徽章尽量显示在第一屏，需要体现活动起止时间点。界面整体结构图如图 7.14 所示。

图 7.14　界面整体结构图

7.4.2 页面风格

页面风格要符合主播年轻的形象，选用一些夸张的漫画元素更符合开学这个主题，可考虑扁平化这一时下流行的风格。

 扁平化风格的主旨是去掉冗余的装饰效果，即去掉设计中多余的透视、纹理、渐变等，让"信息"本身重新作为核心被凸显出来，并且在设计元素上强调抽象、极简、符号化。

7.5 项目实现思路

完成的最终效果如图 7.15 所示。

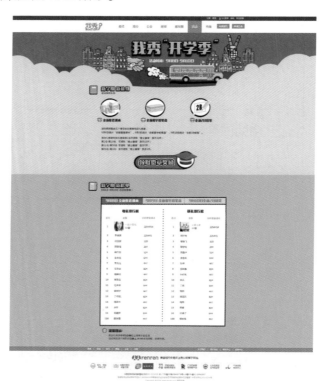

图 7.15 我秀网"开学季"专题活动页

 7.5.1 整体设计风格定位

根据需求在颜色上选择活泼的三原色：红色、蓝色、黄色为页面的主色；风格：扁平化，使页面活泼、俏皮，同时能够缩短制作周期。设计元素选用一些夸张的漫画元素更符合开学这个主题。整体页面的色彩定位如图 7.16 所示。

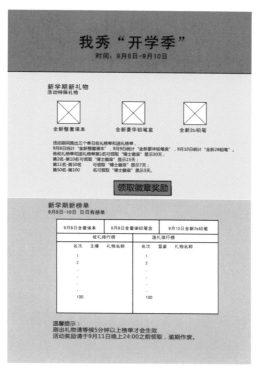

图 7.16　色彩定位

▶▶ 经验总结

好的专题网页有以下几个：

➤ 电商平台：淘宝网、天猫商城、京东商城、当当网等一些知名电商，几乎每天都有活动正在进行中。

➤ 知名店铺官网或旗舰店：运动品牌（速度、质感、科技感）、女装（高端、时尚、小资、森女、唯美、梦幻、可爱）、母婴（可爱、温馨、柔软）、汽车（速度、科技感、时尚）、电器（科技感、华丽、家庭、温馨）等比较知名的店铺，几乎每天都有专题活动，而且每家店铺的风格都比较固定。

➤ 设计网站：最流行的页面风格如何制作、常见风格的详细解释，大都有所涉猎。

➤ 专业网页设计企业网站：很多专业网页设计企业官网都有不少经典案例，目标群体针对性强，风格定位把握得比较准确。

➤ 游戏网站：卡通、暗黑，中国风常见的网页风格，定期都会有活动页面推出。

7.5.2　素材搜集

通过需求所给出的内容，提炼元素包括教学楼、校车、时间、课本、铅笔、校服、博士帽、校园美女、操场、单车等，如图 7.17 所示。

图 7.17　部分素材

▶ **经验总结**

通常想到的元素不一定最适合主题，也不一定能找到适合风格的素材，因此在素材搜集的时候要在时间点内尽可能找到符合主题风格，光源、角度尽可能一致的素材，不要过于纠结单个素材的效果而忽视整体。

7.5.3　首屏展示内容

标题图标及标题样式的设计采用扁平化，增加黑色边框 +100% 实地阴影，使其看起来更立体、更突出；颜色选用饱和度比较高的亮色，下面增加 14 号的注释小字，起到点缀的作用。最终完成的效果如图 7.18 所示。

图 7.18　首屏完成效果

经验总结

　　600px 是这个项目的首屏高度，也就是大多数用户第一屏能够看到的区域。在这个区域内，通常头图的高度可以做到 280 ～ 400px，这样做的目的是在突出专题主视觉的同时让用户在第一屏就可以浏览到部分专题内容。

7.5.4　次屏展示内容

　　次屏展示内容主要为表单设计，同样采用扁平化设计，表头设计成点击的选项卡可以节省页面空间，完成的效果如图 7.19 所示。

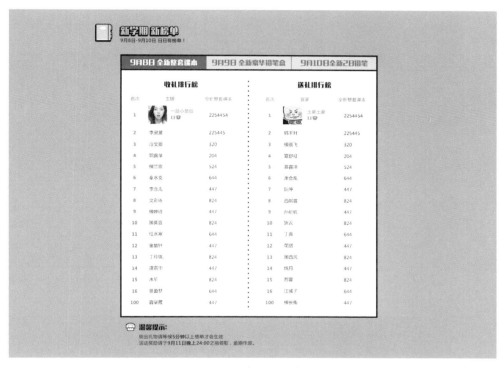

图 7.19　次屏完成效果

7.5.5　版权区设计

　　版权区沿用官网的版权设计风格。

7.5.6　切片输出

　　专题页效果图制作完成后需要进行切片输出，完成的效果如图 7.20 所示。

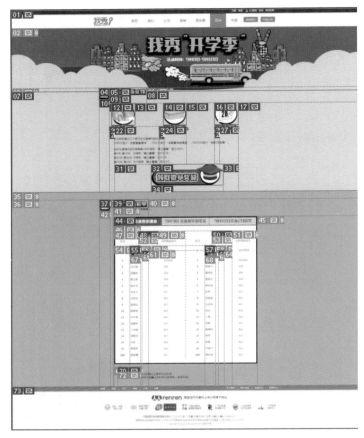

图 7.20　切片完成效果

▶ 经验总结

（1）专题设计细节的注意事项。
  ➢ 头图要有延展性，注意宽屏分辨率下的显示特点。
  ➢ 专题交互细节，为按钮翻页等交互元素设计各种状态会有更好的体验效果。
  ➢ 专题自身的视觉设计的延展和统一，包括专题附属的弹层、对话框等的细节设计。
  ➢ 交付物的规范。专题图层众多，专题设计完毕后交付前端的同时应该对图层进行分组。
    若文件体积大，就要删除或隐藏无用的图层。
  ➢ 提交专题设计稿时尽量采用不同的图片、数目参差的正文来替代设计稿中的模拟内
    容，这样能发现一些忽略的问题（如文字过多溢出，以此来进一步调整间距等），重
    要的是可让它看上去更像一个即将上线的真实页面，更好地展现设计的最终面貌。
  ➢ 良好的沟通：设计师可以提出更好的风格意见、视觉创意，然而满足需求方的推广需
    求才是前提，所以通过良好的沟通加深对专题需求的理解可以更准确地把握专题需
    求，避免返工等问题的出现。
（2）如何快速完成专题页。
  ➢ 确立自己的固定模板：规律性比较明显的活动专题＝标题＋时间＋活动说明＋活动奖。
  ➢ 模仿成功案例：模仿成功案例中的优秀亮点，如结构、质感、样式、配色、氛围等。

本 章 总 结

　　本章通过我秀网"开学季"专题活动页的设计详细讲解了专题页的设计方法及行业中的常用技巧。好的专题设计有创意，整体效果和谐，使用户印象深刻，内容传达有效，视觉元素可延续和继承，整个页面衔接不生硬。设计师要巧妙构思和发挥想象力，多欣赏优秀的设计才能融会贯通，设计出好的专题页。

学习笔记

我秀网「开学季」专题页视觉设计　第7章

第 **8** 章

北大青鸟信息管理系统——企业OA系统界面设计

- ● 本章目标

  完成本章内容以后，您将：

  ▶ 了解企业OA系统的相关理论知识。

  ▶ 掌握需求分析的方式、方法。

  ▶ 掌握企业OA系统界面设计项目实现思路。

- ● 本章素材下载

  ▶ 请访问课工场UI/UE学院：kgc.cn/uiue
  （教材版块）下载本章需要的案例素材。

📶 本章简介

面对一个功能复杂的企业 OA 办公系统,如果仅仅从界面上而不是从功能设计上把握这个 OA 系统的设计,最终可能造成的结果是开发出来的 OA 系统实用性差,从而使功能繁杂。本章将从 OA 系统的实用功能性出发,教你设计出出色的 OA 系统,完成效果如图 8.1 所示。

图 8.1　北大青鸟信息管理系统

8.1　北大青鸟信息管理系统——企业 OA 系统界面设计项目需求概述

目前国内中心办公事务管理普遍不够系统和规范,为了提高中心合作的办公效率、满足人们自动化办公的需要,我们来开发一套稳定可靠、操作方便、安全有效的办公系统。

8.1.1　项目名称

参考视频
企业 OA 界面设计（1）

北大青鸟企业 OA 信息管理系统。

 ### 8.1.2　项目背景

北大青鸟 APTECH 是国内 IT 教育行业领导品牌。随着集团业务的不断增长，流程类、审批类的工作增多，一件事情从开始到完成审批往往需要走很多的流程、部门，有的甚至需要往返几个城市，浪费很多的人力物力。为了让工作更加便捷；体现北大青鸟"快乐工作、快乐生活"的理念；推行无纸化办公，低碳办公；推行业务标准化、流程标准化，现急需一款办公自动化系统来缩短工作流程，减少工作量。

关于北大青鸟 APTECH 的介绍可以通过百度搜索"北京阿博泰克北大青鸟信息技术有限公司"进行了解。

 ### 8.1.3　项目要求

1. 登录页面要求

页面设计需要体现时代感、科技感，符合 IT 职业教育产品的定位，体现"互联网 +"时代全球一体化的理念。

登录页的基本要求：登录时需要输入用户名、密码、验证码。

2. 主界面要求

页面设计要和登录页面风格统一，页面简洁、大气。

功能导航页的功能概括图如图 8.2 所示。

图 8.2　功能概括图

参考视频
企业 OA 界面设计（2）

8.2　企业 OA 系统相关理论知识

OA（Office Automation，办公自动化）系统是面向组织的日常运作和管理，员工及管理者使用频率最高的应用系统，主要推行一种无纸化办公模式。如图 8.3 所示为佳卓科技办公 OA 系统界面。

图 8.3　佳卓科技办公 OA 系统界面

8.2.1　企业OA系统包含的常规内容

企业 OA 系统的产生是为了满足人们办公自动化的需求，尽可能地让用户在一个页面内就可以完成所有的常规任务。以佳卓科技办公 OA 系统首页界面为例，包含以下内容：

（1）用户信息区域：用于显示当前用户的信息，如图 8.4 所示。

欢迎您，Admin｜今天是2011年10月10日　星期一

图 8.4　用户信息区域

（2）用户页面导航区域：用户页面导航，如图 8.5 所示。

图 8.5　用户页面导航区域

（3）用户导航功能树：用户页面导航，如图 8.6 所示。

图 8.6　用户导航功能树

（4）主工作区：显示办公系统中的相关信息，如图 8.7 所示。

图 8.7　主工作区

 8.2.2　企业OA的优势

1. 自动化

在手工办公的情况下，文档的检索存在非常大的难度。OA 办公自动化系统使各种文档实现电子化，通过电子文件柜的形式实现文档的保管，按权限进行使用和共享。企业实现 OA 办公自动化系统以后，如某个单位聘用了一名新员工，只要管理员给他注册一个身份文件、一个口令，他通过上网就能看到符合他身份权限范围的企业内部积累下来的各种知识，这样就减少了很多培训环节。

2. 协同办公

OA 系统是支持多分支机构、跨地域的办公模式以及移动办公的。如今，地域分布越来越广，移动办公和协同办公成为很迫切的一种需求，如果将文件保存在网盘或同步盘中，就能随时随地查看文件，使相关的人员能够有效地获得整体的信息，提高整体的反应速度和决策能力。

8.3 像产品经理一样进行需求分析

通常在一些规范的大型企业，项目的需求分析和项目设计规范的制定都是由产品经理来完成的。下面我们就站在产品经理的角度来分析如何实现北大青鸟企业 OA 系统界面的设计。

> **注意**
>
> 产品经理（Product Manager）是企业中专门负责产品管理的职位，负责调查并根据用户的需求确定开发何种产品，选择何种技术、商业模式等。产品经理在交付设计前的一般工作包括负责与各部门沟通，协调问题，解决矛盾，并进行市场调研、需求分析、界面设计风格定位及功能实现、产品原型设计，对整体项目进行规划和时间把控。

8.3.1 用户分析

北大青鸟的 OA 系统主要供企业内部员工使用，北大青鸟总部有 26 个部门，涉及业务流程庞大，因此需要操作便捷的 OA 系统，导航清晰、功能强大。

▶▶ **经验总结**

> 从广义上讲，需求分析中的需求来源于用户的一些"需求"，往往这些客户直接提出的"需求"并不一定就是应该做的，这就需要对客户提出的"需求"做出详细的分析，确定"必须应该"做什么。

8.3.2 项目设计规划

1. 登录页面布局规划

➤ 把 Logo 放在左上角，左侧放置展示图片，右侧为登录列表。

➤ 右侧登录列表：包括 OA 信息管理系统文字、用户名、密码、验证码、登录按钮。要求登录框醒目，易点击。

页面布局线框图如图 8.8 所示。

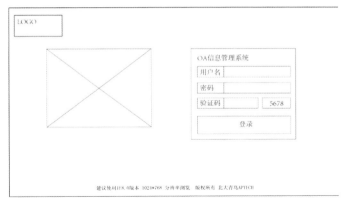

图 8.8　首页布局方案

注意

登录框应该放在左边还是右边呢？

根据人体视觉的运行轨迹，用户大都习惯采用从上到下、从左到右的观看模式，也就是 F 理论，最先映入视野的，也是最受关注的，应该是左上角，所以有很多人主张将用户登录框放在左侧。

大多数主流网站采用右侧放置登录框的方式，这样左侧就有更多更好的阅读空间，传递更多的重要信息。而且用户大都是用右手使用鼠标，所以屏幕右侧放置登录框、验证码更方便用户点击。而且用户在右侧登录居多，用户也习惯在右侧登录。

2. 主页面布局规划

➢ 头部：左上角企业 Logo、用户登录信息。
➢ 右上角用户信息：你好：×××　×年×月×日　星期×。
➢ 左侧功能导航树：我的桌面、系统设置、个人信息、公共信息、业务范围。
➢ 右侧：主工作区。

主页面布局规划详情如图 8.9 所示。

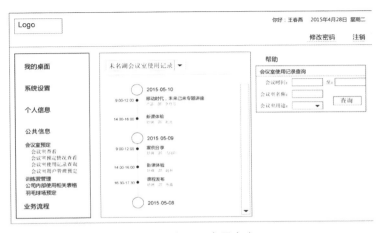

图 8.9　主页面布局方案

▶▶ 经验总结

　　根据项目的不同,有些大型项目的需求分析和项目的设计规划由单独的产品经理来完成,有的项目则需要设计师来完成,因此一名优秀的设计师要具备项目的分析和策划能力。通常产品经理在拿到客户的需求以后,首先对需求进行分析,包括对竞争对手进行分析、对用户进行分析;根据项目开发周期分析,对项目进行整体规划;然后给出项目原型图;指导设计师将效果图设计完成,并交付后台开发。

8.4　北大青鸟 OA 系统——企业 OA 系统界面设计项目实现思路

　　完成的最终效果如图 8.10 所示。

图 8.10　OA 界面最终效果

8.4.1 技术要点

（1）根据企业的需求设计网站页面。
（2）合理运用颜色以体现企业风貌。
（3）布局风格连贯、统一。

 ## 8.4.2 绘制登录页效果图

根据产品经理给出的原型图绘制登录页效果图。为体现企业的科技感、时代感，整体颜色采用深蓝色，同时蓝色符合企业 VI 的主体色。主体区蓝色渐变背景，使整个页面过渡自然、柔和。右侧展示图片，素材选取时选择了互联网常见的符号，更突出"互联网+"时代的特征，同时将北大青鸟的 Logo 以按钮的形式体现，再次强调该 OA 系统的服务对象是北大青鸟的全体人员。完成效果如图 8.11 所示。

OA信息管理系统

用户名	
密 码	
验证码	5678
登 录	

建议使用IE8.0版本 1024*768 分辨率浏览 版权所有 北大青鸟APTECH

图 8.11　登录页效果图

 经验总结

蓝色是天空、大海的颜色，给人以专业、科技的感觉，常被普遍应用到企业网站和专业网站当中。

8.4.3 绘制主界面效果图

根据产品经理给出的原型图绘制登录页效果图，头部选用时下最流行的磨砂效果，头部背景图选用平板电脑的一部分体现办公移动化,主体区背景底纹选用世界地图的图案,体现互联网全球化、信息全球化特征,同时更加凸显北大青鸟办公全球一体化。完成的最终效果如图 8.12 所示。

图 8.12　主界面效果

▶▶ 经验总结

　　设计师通常根据产品经理提供的原型图及风格建议进行素材整理,并确定最终的表现形式。例如,产品经理要求页面体现商业化、科技感,在颜色上首先考虑蓝色,元素则考虑箭头、计算机、鼠标、人物、办公室、地球、会议等,从中撷取最具表现力的设计方式。

本 章 总 结

　　一个设计合理的 OA 系统可以使用户更加方便、快捷、合理地操作处理各类复杂的文件信息。通过对北大青鸟信息管理系统的设计分析，掌握企业需求分析的能力及企业 OA 系统的设计方法和技巧。

学习笔记